走入科学世界　激发科学兴趣

A+B=C

x+y=z

一学就会的课外制作
KEWAI ZHIZUO

一学就会的电子制作

U0381322

制作步骤图文并茂　制作材料简单易得

刘清廷◎改编

上海科学普及出版社

图书在版编目（CIP）数据

一学就会的电子制作 / 刘青廷改编 . ——上海 ：上海科学普及出版社，2018
（一学就会的课外制作）
ISBN 978-7-5427-7070-7

Ⅰ．①一… Ⅱ．①刘… Ⅲ．①电子器件－制作－青少年读物 Ⅳ．① TN-49

中国版本图书馆 CIP 数据核字（2017）第 275232 号

责任编辑　吴隆庆

一学就会的电子制作

刘青廷　改编

上海科学普及出版社出版发行
（上海中山北路 832 号　邮政编码 200070）
http://www.pspsh.com

各地新华书店经销　北京兰星球彩色印刷有限公司
开本 787mm×1092mm　1/16　印张 13　字数 180 千字
2018 年 8 月第 1 版　2018 年 8 月第 1 次印刷

ISBN 978-7-5427-7070-7　　定价 29.50 元

前　言

　　你能打开这本书，说明你对电子制作发生了兴趣。你一定玩过音乐盒、电子游戏机等电子产品。这本书就是要教你亲手制作一些简单的电子作品。别觉得电子作品很神秘，其实你只要买几个电子组件，就可以通过自己的努力在几个小时内制造出专属于自己的电子作品。通过一个小小电子产品的制作，不仅证明了你的智慧、你的能力，而且会使你收获很大，品味到无穷的乐趣。

　　当你积极参加电子制作活动，通过自己的双手多次拼装和创新后，将会认识到过去觉得非常深奥的电子产品和光控、声控等高科技产品原来并不神秘，它们都可以在自己手中产生，还会增强用电子制作对身边事物进行改造的强烈欲望和能力。

　　如果你在制作的过程中，积极探索改变原电路设计新电路的方法，就自然而然地训练了你的创新思维能力。电子制作是一个手脑并用、思维与技能同等重要的训练形式，正是培养你创造能力的良好途径。但是，你还要知道，在制作过程中，你会遇到失败和挫折的考验，只有勇于克服困难，始终保持对创造的热情和兴趣，不屈不挠，坚持到底才能取得成绩。走完了这个艰难的过程，你会收获一种坚忍不拔的精神，对你的人生会大有裨益。

　　现代社会，电子产品充满了我们生活的每一个角落。新型的家用电器琳琅满目，电脑、彩电和不少现代电器在生活、学习、工作中不可缺少。

你不必担心电的知识太深奥，制作过程太复杂。不论多么复杂的电器都是由一个个小小的电子元器件和小电路组成的。这本书将带领你从最基本的知识学起，学习用基本电子电路制作一些小电子作品，进而逐步学习更多的知识，掌握更高级的技术，制作更大更复杂更有意义的电子作品。

本书共分九个部分。第一部分至第三部分介绍了有关电学、电子制作的基础知识。第四部分介绍了设计和制作印刷电路板，是对电子制作基础的一个提高，可以根据能力进行掌握。第五部分和第六部分从工具仪器、家庭生活、保健仪器、安全防范、娱乐玩具六个方面介绍了一些元器件较少的简单电子制作范例，目的是在你学习完基础知识之后，能够实际动手操作，体验电子作品制作的乐趣和魅力。

目 录
Contents

一学就会的电子制作

目
录

···➡ 第一章　电学基础知识 ⬅···

作为电子制作入门的书，这里主要帮读者温习最基础的电学知识，为后期理解和制作各种电子小产品打下必要的根基。

常见电学基本概念

一、电和电荷

电是物体本身的一种性质，不是外界加给物体的。现代科学指出，物体是由大量原子组成的，原子是由带正电的原子核和带负电的电子组成的，电子在原子核周围高速旋转运动着。同一个原子中，正负电量相等。在正常情况下，物体的正负电量相等，物体呈中性，即显示不出是带正电或负电。而当物体受到摩擦作用、热的作用、化学作用以及其他一些作用时，会失去一部分电子后而带正电；或得到额外电子而带负电。

我们把物体、原子或电子等所带电量的最小单元叫做电荷，单位是库仑，用 C 表示。带正电的粒子叫正电荷（表示符号为"＋"），带负电的粒子叫负电荷（表示符号为"－"）。但电荷本身并不是粒子，只是人们为了描述方便把它想象成粒子。

二、同性相吸和异性相斥

电荷周围有种特殊的物质，叫做电场。电场、磁场、引力场等叫做"场"的物质，虽然和分子原子组成的实物不同，我们看不见摸不着，但它确实存在。由静止电荷产生的电场叫静电场，由变化的磁场产生的电场叫感应电场。

这个"场"能传递作用力，在和别的物质相互作用时能够表现出自己的特性。所以两个不直接接触的带电体，它们之间也有相互作用，表现为带有同种电荷的物体之间会互相排斥，带有异种电荷的物体之间会互相吸引。

三、静电感应

假设有个导体带有正电，把另一个不带电的导体逐渐靠近它但不接触它，在它的电场作用下，这个不带电导体的两端就会出现一种现象：接近带电导体的一端带负电荷，远离带电导体的一端带正电荷；而且正负电荷数量相等。这样，放入静电场中的导体，在电场力的作用下，它的自由电子重新分布，结果使导体两端出现正、负电荷，我们把这种现象叫做静电感应。

四、气体放电

自然界中最常见的气体放电现象就是雷电现象，为什么说雷电是放电现象呢？我们知道，春夏季节气流变化大，急剧上升的气流与云中的水滴或冰晶发生撞碰、摩擦，使云块带上电。在两块带相反电荷的云块之间，或带的云与大地之间，就形成了很强的电场。这种电场发生放电现象时（即带电体的电荷消失而趋于中性），发出了明亮的电火花叫闪电，出现了巨大的响声叫雷声。云和大地之间电场的放电现象叫做落雷，能对人、畜、森林、建筑物等造成危害。

五、电磁感应

如果我们把导线切割磁力线，磁力线就会处在变化不定、时多时少运动状态中，此时，导线中就会有电流产生的现象，这就是电磁感应现象。导线中所产生的电流，则叫做感生电流。发电机就是按照这个原理制成的。

麦克斯韦进一步指出了，变化着的磁场在其周围产生了电场，这个电场使导线中的自由电子受到了力的作用，就沿着导线运动起来，产生了感应电流。因此，电磁感应的本质是变化的磁场产生电场。

六、导体和绝缘体

物体的导电能力取决于自由电荷的多少，根据导电能力的大小，我们把物体分为导体和绝缘体。导体中有能够自由移动的电荷，而绝缘体中几乎没有自由移动的电荷。

在金属导体中，能够自由移动的电荷是电子，叫做"自由电子"；在酸、碱、盐的水溶液中，能够自由的电荷是正离子和负离子（离子是原子失去或获得电子后形成的带电粒子）。绝缘体中原子核对电子"管束"很严，电子被束缚得"死死的"，几乎不能自由移动。

当然，导体和绝缘体也没有绝对界限，绝缘体受潮后也会导电。导电性能介于导体和绝缘体之间的物体，叫做半导体。半导体的导电性能受光照、温度变化等影响很大，在"掺杂"时导电性能变化也很大，如在纯净的半导体中掺入少量的杂质，就能大大增加导电性。

七、电源

电源是指由非电能转换成电能的装置，即把其他形式的能转换成电能的装置叫做电源。发电机能把机械能转换成电能，干电池能把化学能转换成电能。发电机、干电池等叫做电源。通过变压器和整流器，把交流电变成直流电的装置叫做整流电源。能提供信号的电子设备叫做信号源。晶体三极管能把前面送来的信号加以放大，又把放大了的信号传送到后面的电路中去。晶体三极管对后面的电路来说，也可以看做是信号源。整流电源、信号源有时也叫做电源。

八、电流

我们把电荷按照一定的方向进行移动叫做电流，或者说形成了电流。摩擦起电产生静电，它形成的电流只能存在一瞬间。电池、发电机产生的电流则可以持续不断。电流也有方向，习惯上把正电荷定向移动方向规定为电流的方向。但实际上在金属导体中的电流方向跟自由电子移动的方向恰恰相反。

产生电流必须具备两个条件：①导体内要有可以移动的自由电荷；

②导体内要维持一个电场。电流又分为直流和交流两种：①电流的大小和方向都不随时间变化的叫做直流；②电流的大小和方向随时间变化的叫做交流。电流的单位是安（A），也常用毫安（mA）、微安（μA）做单位。1A = 1000mA，1mA = 1000μA。

电流可以用电流表测量。测量的时候，把电流表串联在电路中，要选择电流表指针接近满偏转的量程。这样可以防止电流过大而损坏电流表。

九、电压

你知道是什么力量使电荷流动吗？众所周知，"水往低处流"，原因是高处与低处的水位不同，水压不同，水压使水流动。和水流一样，电流也往"低"处流，在电源的正极上有多余的正电荷，负极上有多余的负电荷，这种电位高低的差别，就使电路中出现了电压。电压就是电荷定向移动、形成电流的原因。换句话说，电压是使电荷流动的力量。

物理中说的电压，是指电场或电路中两点之间的电位差，电压是衡量电场做功能力大小的物理量。用字母 U 表示。其单位是伏特（V），简称伏，也常用毫伏（mV）、微伏（μV）做单位。1V = 1000mV，1mV = 1000μV。电压可以用电压表测量。测量的时候，把电压表并联在电路上，要选择电压表指针接近满偏转的量程。如果电路上的电压大小估计不出来，要先用大的量程，粗略测量后再用合适的量程。这样可以防止由于电压过大而损坏电压表。

十、电动势

电源内部推动电荷移动的作用力称为电源力，而电源力将单位正电荷从电源负极经电源内部移动到正极所做的功，叫做电源的电动势。电动势是反映电源把其他形式的能转换成电能的本领的物理量。电动势使电源两端产生电压。在电路中，电动势常用 ε 表示。电动势的单位和电压的单位相同，也是伏，但其方向与电压的方向相反，是由电源的负极指向正极的，即由低电位指向高电位。电源的电动势可以用电压表测量。

测量的时候，电源不要接到电路中去，用电压表测量电源两端的电压，所得的电压值就可以看作等于电源的电动势。如果电源接在电路中，用电压表测得的电源两端的电压就会小于电源的电动势。

这是因为电源有内电阻。在闭合的电路中，电流通过内电阻 r 有内电压降，通过外电阻 R 有外电压降。电源的电动势 ε 等于内电压 U_r 和外电压 U_R 之和，即 $\varepsilon = U_r + U_R$。严格来说，即使电源不接入电路，用电压表测量电源两端电压，电压表成了外电路，测得的电压也小于电动势。但是，由于电压表的内电阻很大，电源的内电阻很小，内电压可以忽略。因此，电压表测得的电源两端的电压是可以看作等于电源电动势的。

干电池用旧了，用电压表测量电池两端的电压，有时候依然比较高，但是接入电路后却不能使负载（收音机、录音机等）正常工作。这种情况是因为电池的内电阻变大了，甚至比负载的电阻还大，但是依然比电压表的内电阻小。用电压表测量电池两端电压的时候，电池内电阻分得的内电压还不大，所以电压表测得的电压依然比较高。但是电池接入电路后，电池内电阻分得的内电压增大，负载电阻分得的电压就减小，因此不能使负载正常工作。为了判断旧电池能不能用，应该在有负载的时候测量电池两端的电压。有些性能较差的稳压电源，有负载和没有负载两种情况下测得的电源两端的电压相差较大，也是因为电源的内电阻较大造成的。

十一、电路

电流所通过的路径称为电路。其最基本的电路由电源、负载和导线、开关等组件组成。电路的工作状态可分为 3 种：

（1）通路状态，即电路中构成闭合回路，电流能顺利地流过。

（2）开路状态，回路中某处被切断了，此时相应电路中没有电流通过。

（3）短路状态，电路中某一部分连接起来，使电源两端直接相通。此时电源负载为零，会出现很大的短路电流，极易烧毁电源。

十二、负载

通常把电能转换成其他形式能量的装置叫做负载。如电动机能把电能转换成机械能，电阻能把电能转换成热能，电灯泡能把电能转换成热能和光能，扬声器能把电能转换成声能。电动机、电阻、电灯泡、扬声器等都叫做负载。晶体三极管对于前面的信号源来说，也可以看做是负载。

电学与化学的关系

人们可以用很多种方法使物体带电，不论用哪种方法，本质上都是使物体中原有的正电荷与负电荷发生分离和转移。但是，方法不同，物体带电的情况也不同。比如，用摩擦方法可以使物体带电，并且可以把电贮存在莱顿瓶，但这种电放电时只能产生瞬息的电流，实用价值不大。而用化学方法产生的电，却有很大的价值，对人类的生活起了很大的作用。

我们来看看电能与化学能的相互关系，它们之间是怎样转化的。

一、化学能转化为电能

化学能转化为电能的常见装置是化学电池，它能够产生稳定的电流。最古老的电池是 19 世纪初意大利物理学家伏打制作的，所以叫"伏打电堆"或"伏打电池"。

伏打电池是怎样把化学能转变为电能的呢？下面的小实验可以说明：

把一块铜片和一片锌片，浸在稀硫酸溶液里，分别用导线与用电器（小灯泡）连接起来。由于稀硫酸对铜片与锌片的化学作用，"生性活泼"的锌就容易失去电子，锌板失去部分电子后，它和铜板之间产生了电位差（电压）。用导线把两个极板连接起来后，在电压的作用下，电子就由锌板通过导线流向铜板，形成了电流。大家知道，电子流动的方向和电流的方向相反，所以，按电流的方向说，是电流由作为正极（聚集正电荷）的铜片流出，经过导线和小灯泡，流回作为负极（聚集负电荷）的锌片。

根据这个道理，人们制成了各种化学电池——干电池、铅蓄电池等。干电池用上一定时间后就不能再用了，必须更换新的，所以叫一次电池或原电池。而铅蓄电池则可以多次充电重复使用。铅蓄电池是把许多块铅板放在稀硫酸里制成的，铅板分为两组，一组是正极，另一组是负极。充电时把电能转变成化学能，储蓄在蓄电池里；放电（向外供电）时则把储蓄的化学能转变为电能。

二、电能转化为化学能

如果让你在一块铜板（或锌板、银板）上刻出花草虫禽，或者刻几句话几个字，该怎么办呢？用刀刻太费劲了，有没有其他办法呢？在揭开谜底之前，先看下面的两个实验：

（1）把两根废电池的炭心，插入盛有硫酸铜溶液的杯中作为电极，然后接上3伏的电池。过一段时间就会看到连接电池负极的炭心表面出现了铜。

（2）把一根光洁的铁钉和一块铜板吊挂在盛有饱和硫酸铜溶液的容器中，接上3伏的电池，铁钉接负极，铜片接正极。过一段时间看，铁钉表面出现了铜，而铜板却腐蚀掉一些。

这两个实验的化学变化过程是：硫酸铜在水里被离解成了铜离子和硫酸根离子。铜离子带正电就向接负极的铁钉转移，从铁钉那里得到了电子，还原为铜原子，并附在铁钉上。硫酸根离子带负电则向接正极的铜片移动，使铜原子转化为铜离子，补充到溶液中去。这个变化是在电流的作用下完成的，这就是电镀的原理。

应用上面实验的原理可以轻松地在铜板上画画写字：先在洁净的铜板表面上沾一层薄薄的蜡，然后用铁笔和铁钉在沾蜡的铜板上，刻出花草虫禽，或刻几句话几个字。需要注意的是，一定要把刻迹处的蜡层去除干净，露出铜质来。再把铜板作为正极，用上面实验中的方法去做。结果是，没有蜡层的刻迹处的铜被转移走了，铜板上留下了痕迹，而有蜡层的铜板处依然存在。这就是电的化学效应。

电能与光能、热能的关系

电能不仅能与化学能相互转化，还能和热能、光能等发生相互转化。下面介绍电能与光能、电能与热能的变换关系。

一、光能、热能转化为电能

利用光能转变为电能需要一定的条件，人们制造的硒光电池，硅光电池，硫化铊，硫化银光电池等，就是利用半导体材料把光能转换成电能。下面这个紫外线照射锌板使验电器带电的实验的就能表明光能能够转化为电能。

把一块擦得很亮的锌板，连接在灵敏验电器上，用弧光灯照射锌板，很快就能看到验电器的指针张开一个角度。这是因为在弧光灯的照射下，

锌板中一部分自由电子从表面飞出来，使锌板带了电。我们把在可见光、不可见光的照射下，从物体中发射出电子的现象，叫做光电效应。发射出来的电子叫做光电子。

根据这个原理，人们造出了光电管和光导纤维。有一种真空光电管，玻璃管里的空气被抽出，充入少量氩、氖、氦等惰性气体。管的内壁一半涂有钠、锂、钾等碱金属，作为阴极 K；管内另有一阳极 A。把光电管连接在电路里，当光照射到光电管的阴极 K 时，电路里就产生电流。

光导纤维有传光的本领，人们利用它传送信号，叫做光纤通信。要实现光纤通信如打电话，在发信端就要把声音信号变成电信号，再把电信号变成光信号，由光导纤维把光信号传出去。在收信端，把光信号变成电信号，再把电信号变成声音信号，我们就听见对方说话了。

利用热能也能得到电能。例如，煤、柴油燃烧时产生热能，原子核能转换成热能，然后热能带动汽轮机转动，汽轮机再带动发电机，就产生出电来了。

二、电能转换成光能、热能

任何导体中有电流的时候，导体都要发热，这种现象叫做电流的热效应。电炉、电烙铁都是利用电流的热效应来工作的。

电能转换成光能，最常见的是各种照明灯具。灯具发展到今天这个样子，经历了漫长的发展过程。1802 年俄国人雅布洛奇科夫设计的电烛，是最早的电流发光装置。1840 年，英国人格罗夫制出了用白金丝做灯丝的灯泡。后来美国人爱迪生经过多年研究，做了上千次实验，在 1879 年用棉线制成的炭丝做灯丝，制成的灯泡寿命可达几百小时。第二年他又制作了炭化竹丝灯丝，能连续使用 1000 多小时。此后，电灯逐渐进入人们的生活中。我们现在用的电灯（白炽灯）的灯丝是钨丝，比炭化竹丝好多了。

事实上，电能和光能、热能的关系极为密切。比如电灯既发光又发热。下面的小实验也能说明它们关系密切：将 100 毫米的电阻丝绕成一个螺旋状，给它两端接上 3 伏电池，电阻丝就会微微发热；加到 6 伏电压，电阻丝就会发出红光，产生更多的热量；如果电压增加到 9 伏，电阻丝就发出白亮的光，同时产生大量的热。

电与磁的关系

一、电变磁

　　1819 年冬天，丹麦物理学家奥斯特发现放在通电导线旁边的磁针发生了偏转，他惊奇极了，多次重复做这种实验，进行深入研究。1820 年他宣布：导体中的电流在导体周围产生了一个环形磁场，这叫做电流的磁效应。发现了电流的磁效应，就更能使电流在许多方面获得广泛应用，例如人们制造出电磁铁。

　　用导线绕成螺线管，把铁棒插入螺线管中，通电后就产生磁性，这就是最简易的电磁铁。电磁铁优点很多，比如，可以通过通电与断电，使它产生磁性或失去磁性；可以用控制电流强弱等方法控制磁性的强弱；可以变换电流方向来控制它的南北极。电磁铁用途很广，如电磁起重机、电磁选矿机、电铃、电报机、电动机、发电机、自动控制上都要使用它。

　　除了电磁铁，人们利用电的磁效应制作了电磁继电器，它一般由电磁铁、衔铁、弹簧片、触点等组成，其工作电路由低压控制电路和高压工作电路两部分构成。只要在线圈两端加上一定的电压，线圈中就会流过一定的电流，从而产生电磁效应，衔铁就会在电磁力吸引的作用下克服返回弹簧的拉力吸向铁芯，从而带动衔铁的动触点与静触点（常开触点）吸合。当线圈断电后，电磁的吸力也随之消失，衔铁就会在弹簧的作用下返回原来的位置，使动触点与原来的静触点（常闭触点）吸合。这样吸合、释放，从而达到了在电路中的导通、切断的目的。用低电压、弱电流来控制高电压、强电流的工作电路，在实现远距离操纵和自动控制等方面，都离不开电磁继电器。

　　电动生磁还是电动机工作原理。英国著名物理学家迈克尔·法拉第曾经把一根磁棒竖在罐中央，磁棒的一端用蜡固定在罐底，然后往罐里灌入水银，露出水银液面的磁棒另一端指向北极。他又把一根金属导线穿过软木塞（导线不和磁棒接触）。再用另一根导线与电池的一极相接，使它越过罐边插在水银中。然后，把穿在软木塞上的那根导线与电池的另一极相接。

他闭合了电路，软木塞上的那根导线，就绕着磁棒转动起来……这就是著名的通电导线绕磁棒转实验。

这个实验是最原始的电动机，人类历史上的第一台电动机。实验证明了磁场对电流有作用，会使通电的导体发生机械运动。电动机的作用非常大，电车、电力机车、起重机以及许多多多机器，要靠它提供动力，它是非常重要的动力机械。

电动机的主要部分是两个电磁铁，一个固定不动叫"定子"，一个能够活动叫"转子"，它给各种机器提供动力，如图1-1所示。

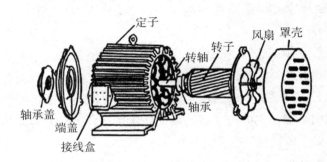

图 1 - 1

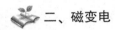 **二、磁变电**

1831 年 8 月 29 日，法拉第在一个空心的纸圆筒上，用铜丝绕成了 8 个小线圈，连成了一个大线圈，大线圈两端跟电流计连接。然后，他用一个条形磁铁往空心纸筒里一插，就在这一瞬间，电流计的指针移动了；往外一抽，电流计的指针又移动了。如果条形磁铁插进纸筒后再不运动，电流计的指针就不移动。这个实验证明了磁能生电，这是感应电流的发现。

这个实验导线中电流持续时间很短。1831 年 10 月 28 日，法拉第制造出一个用磁产生稳定电流的装置：他在一个铜轴上装了一个扁平的铜盘，用一根导线穿过铜轴连接电流计，用另一根导线与铜盘的边缘相接也连接电流。铜轴上装有摇把，在磁铁的两极之间转动铜盘，就产生出了稳定而又持续的电流。

法拉第的这两个实验是著名的电磁感应实验，指出了磁变电的方法。动磁生电是发电机工作原理，这里就着重介绍发电机。

为了弄清关于发电机的一些最简单的问题，先说说感应电流的方向。感应电流的方向，与磁力线的方向、导体运动的方向有关系。磁力线从平伸的右手掌心穿过，垂直于四指的拇指指出的是导体运动的方向，那么其余四指所指的就是感应电流的方向。

先做一个直径3厘米、长10厘米的圆纸筒，用直径0.3毫米的漆包线在上面绕200圈，线圈两端接到电流计上。然后用一个条形磁铁在线圈里不断上下移动，观察电流计指针有什么变化。

还可以先做一个电磁铁，然后做一个线圈，在线圈上接一个电流计。拿着线圈套在电磁铁上做上下移动，观察电流计指针有什么变化。

这两个实验中，你的手握着条形磁铁或线圈做上下移动，这是一种机械运动，电流计就指示出有感生电流。可见，机械能转换成了电能。发电机就是把机械能转化成电能的机器，是当代最重要的电源。

发电机有一种叫做交流发电机，它发出的电流周期性地改变方向；还有一种叫直流发电机，它发出的电流方向不变。交流电和直流电有什么不同点和相同点呢？首先，直流电的磁场是稳定的，交流电的磁场的强弱和方向都是不断变化着的。其次，直流电的正负极性不变化，而交流电的正负极性是不断变化的，所以电解工业、电镀工业要用直流电。它们还有一些别的不同，但它们的光效应和热效应是一样的。

从历史上看，最早的发电设备是伏打电池，它产生的是直流电。法拉第发现电磁感应现象以后人们造出了直流发电机。但直流电有个缺点，在输送的时候电能损失很大，所以后来制作了交流发电机。因为交流电的电压可以用变压器来升高或者降低，使用起来就方便多了。而且交流电可以用高压输送，电能损失较小；交流电经过整流还可以成为直流电。所以，当今的电力领域，几乎是交流电的一统天下了。

三、变压器

变压器也是应用电磁感应原理的设备，能使电压由高变低、由低变高，还能使电流量增大或减少。我们做一个最简单的变压器，并实验一下。

找一个凵形的铁芯，先用绝缘布把它的两臂缠好，然后用直径0.2毫米的漆包线，在它的一臂上绕1100匝。在另一臂上，用直径0.5毫米的漆包

线绕 45 匝，要在第 15 匝、第 30 匝的地方把线折回一段朝一个方向扭几转，但不要把绕线弄断了。最后，在铁芯臂端放一块长方形铁条。

这时可以把 1100 匝的线圈接到 220 伏的交流电源上，用交流伏特表测一下另一个线圈的 15 匝、30 匝、45 匝的电压，就会发现测得电压都比 220 伏的交流电压低得多。

我们把连接电源的线圈叫做原线圈（初级线圈），连接用电器的线圈叫做副线圈（次级线圈）。根据电磁感应原理可以知道：当原线圈通入交流电时，铁芯里就产生了变化的磁场，这种变化的磁场穿过副线圈，副线圈里就感应出交流电，在副线圈两端就产生出交变电压。

上面是变压器降压的小实验，下面做变压器升压的小实验：

用直径 0.2 毫米的漆包线，在方框形铁芯的一边上绕 10 匝，另一边上绕 30 匝（在 20 匝处抽出一个接头线），这又是一个变压器了。我们用它做升压实验，方法是：把这个升压变压器的初级线圈，跟前一个降压变压器的次级线圈相连接。然后把降压变压器的初级线圈接通 220 伏交流电，再用交流伏特表测升压变压器的初级线圈与次级线圈两端的电压。测量结果表明电压升高了。

变压器对于远距离输送电能有什么意义呢？

电流有热效应，输电导线发热必然要损失掉电能。要减少热效应带来的损失，则①减少电阻——电阻小了就可以少发热，少损失电能。但是，这就要把电线做得粗粗的，既耗费大量金属材料，又给架设电线带来困难。这个方法不切实际。②减小电流——在导线电阻不变的情况下，电流强度减小到原来的 1/100，能量损耗就减少到原来的 1/10000。可以用变压器来实现高压送电，减小电流强度，从而减少热效应带来的损失。另外，用电部门需要各种电压，如电动机需要 380 伏，由于变压器有升压、降压的本领，能够很好地满足这些不同要求。

电磁波

阳光是电磁波，打雷闪电也产生电磁波，还可用人工方法发射电磁波。那么，电磁波究竟是什么呢？

我们知道，水波总是一起一伏、一圈一圈向四周扩散，遇上水面的小草、小树，就会绕过去；遇到堤、岸等高大物就被阻挡住了，还会往回反射；这些水波直到"劲"儿用完了才会消失。电磁波和水波一样都是物质运动的一种形式，是振动和能量的传播。如果俯视水波，可以看到一圈圈同心圆，如果"切开"就是图1-2所示的样子：

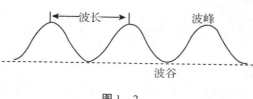

图 1-2

它的最高点叫波峰，最低点叫波谷。波还有它的频率，即单位时间内完成振动的次数；有波长，即2个相邻波峰之间的距离；有波速，即波在1秒钟之内"跑"的距离：波速 = 波长 × 频率。

电磁波，即电波，虽然无色、无味，但它确实存在。英国物理学家麦克斯韦首先预言了电波的存在。他研究了电磁感应现象，认为既然变化的磁场可以在周围空间产生变化的电场，变化的电场在其周围空间也可以产生变化的磁场，这个变化的磁场周围空间又可以产生变化的电场……由此交替产生，一点一点向外扩散，越传越远，如同我们看见的水波扩散那样。因为它是由电场和磁场组成的，所以叫电磁波。1887年，德国物理学家赫兹第一次用人工方法产生出电磁波，1895年俄国科学家波波夫第一次用人工方法接收到自然界产生的电磁波。

电波的速度也就是光速，每秒钟跑30万千米，也就是说1秒钟可绕地球7.5圈，电波在运动中也会反射、绕射、折射和透射。电波和电流的传播相反，在导电性越好的物体里，电波越不容易传播；如果是理想态的导体，电波就根本传不进去，而只能聚集在其表面。

电波有它的波源——产生它的装置（或物体）。在无线电技术中，使产生出的电波离开波源飞向目的地，叫"辐射"，电波的频率越高，辐射能力越强。我们常听到的电波是音频电波，简称音频。它的频率和声波频率相同，是电波中频率最低，因而也是辐射能力最弱的。要把音频远距离输送，就得让它"乘坐"正弦波。

正弦波是高频率、辐射能力强的电波，它的频率不变，振幅不变，波

形特别规则，有人把它比做可供人们"写字"、"画画"的信纸。它的样子如图1-3所示。

图1-3

如何用它运载音频电波呢？这就要经过"调制"。调制有两种方法：①"调幅法"，就是用音频电波（也称音频信号）调节高频正弦波的振幅，结果是振幅大小变化了，而频率保持不变。②"调频法"，就是用音频信号来调节高频正弦波的频率，结果是频率变了，振幅保持不变。

经过调制的高频正弦波进行传播，收音机把高频电波变换成音频电信号，再变换成声波，我们就听到悦耳动听的歌曲、逗人发笑的相声了……

电视广播也需要调制，但比电声广播更复杂：首先要把图像变成弱强不同（乃至色素不同）的光，再用光电器件把光能变成视频电波，然后用视频电波调节高频正弦波……

电话不用调制。因为它是有线传播而不是无线传播，它们只需把声波变成音频电波，由电线传播出去，在收话机里再把音频电波变成声波。现在人们普遍使用的手机信号是需要调制的。

电声广播、电视广播离不开发射装置，发射装置是波源，它的功能是产生一个被信号调制了的高频电磁振荡，把这种高频电磁振荡送到发射天线，再由发射天线把无线电波辐射出去。发射机里用来产生高频电磁振荡的电路，叫做振荡电路。

人们把方向和大小都作周期性变化的电流叫做振荡电流。交流电就是振荡电流。人们用一种装置，如线圈和电容器（它由2组交叉排列的金属板构成，并能贮存电场的能量）组成振荡电路，使它产生振荡电流。在这个过程中，通过线圈的电流和电容器极板上的电荷，以及与电流和电荷相联系的磁场和电场的能量，发生了周期性变化，这种现象叫做电磁振荡。

发射天线辐射出的无线电波，被收音机、电视机等接收过来，我们才能听到歌声，看到画面。

第二章 电子制作基本知识

我们先以电子制作的基本过程为顺序，介绍常用的元器件的种类、性能、使用方法等。最后还要介绍由元器件构成的电路以及如何看懂电路图。只有了解了元器件的性能，又能看懂电路图，才能进行各种无线电制作。本章最后还讲述了一般性故障排查的方法。

电子制作基本过程

虽然各种电子小制作各有不同，但是其基本过程都是大致相同的。主要有以下几步：

1. 挑选能够完成的电路

你一定能找到很多有趣的电路，如带闪光的、有声响的、有动作的等，首先找出一些感兴趣的制作对象，然后根据自己所能找到的元器件以及自己的能力来决定要制作的电子电路。一般对初学者来说，应该是先易后难，循序渐进。

如果你第一次接触电学，可以先选择一些结构单一、组件数量比较少的简单电路，如"门铃"等电路。等你积累了一定的知识，有了经验，就可以进行像收音机、数字控制等电路方面的制作。

2. 仔细研究电路图

选好制作的具体电路后，仔细阅读文字和图的内容，认真研究电路，争取看懂有关电路图，尤其是对每一个组件的作用要有所了解。初学者常感到迷惑的是电路图上符号的意义，因此要反复查资料搞清楚，特别是对有极性的组件，要反复端详，记住它的极性记号及外形特点。比如发光二

极管有正负极性，装反了就不会亮。你可以通过观察二极管内芯两个极的不同形状，来辨别它的极性：形状小的相似三角形一端是正极，大的相似三角形的一端是负极。如果你能正确辨别有极性的电子组件，如三极管、电解电容、集成电路等，那你也就掌握了电子技术中的一种基本技能。

此外，还应搞清楚电路图中导线的连接方法。哪些导线应该连接在一起，哪些是不应该连接在一起的跨越线。一般在导线连接点上有一个黑圆点的导线应连接在一起，而在导线交叉点上没有黑圆点或是用小弧线连接的为跨越线。

3. 正确选择电子元器件和电路连接方法

电子制作要达到预想的目的，首先必须正确选择电子元器件，其次就是要正确地连接组件，沟通电路。在制作中，即使只有某一点连接错误，也会导致实验制作的失败，因此要认真对待。如果你已经选好电路，了解了电路的来龙去脉和组件情况，备齐了所需的组件，在动手之前还必须知道一些电路的连接方法。

基本电子组件和器件

组件和器件是组成电子电路的基本单元。在无线电和电子技术中，常把电阻器、电容器、变压器等叫做无线电组件，简称组件；把晶体管、集成电路、电子管等叫做半导体器件和电真空器件，简称器件。

一、电路组件

1. 电阻器

我们在行走、跑步会受到种种阻碍，比如空气产生的阻力。电流在导体中也会受到阻碍。任何一种导体都有阻碍电流的性质，这种性质就叫电阻。

（1）电阻器的特性和种类

电阻器简称电阻，它是电子电路中使用最广泛的无线电组件。电阻器在电路中用字母 R 表示。电阻器在电路中主要用来分配电压和控制电流。电阻两端的电压 U、流过电阻的电流 I 以及电阻的阻值 R 的关系服从欧姆定律：

$$I = \frac{U}{R}$$

按照制作电阻的材料来划分，电阻有碳膜电阻（RT 型）、金属膜电阻（RJ 型）、线绕电阻（RX 型）等。按照电阻值是否可变来划分，有固定电阻和可变电阻。需要经常调节阻值可变电阻叫做电位器，电位器常用字母 W 表示。

此外，还有阻值随温度变化的热敏电阻，阻值随电阻两端电压变化的压敏电阻，阻值随外加磁场变化的磁敏电阻等。常见的热敏电阻多数是负温度系数的，温度升高电阻值反而减小。

（2）电阻器的基本参数

电阻对电流阻碍作用的大小用电阻值表示。电路上需要各种各样阻值的电阻，但产品不一定全部齐备。国家只规定出一定系列的阻值作为产品的标准，阻值标记在电阻上，叫做标称阻值，简称标称值。实际阻值和标称值往往不完全相符。电阻的实际阻值与标称值之间的误差分成 3 级：Ⅰ级是 ±5%、Ⅱ级是 ±10%、Ⅲ级是 ±20%。其中Ⅰ、Ⅱ级常标注在标称值后面。

电阻值的单位是欧姆（Ω），阻值较大的电阻常使用千欧（kΩ）和兆欧（MΩ）作单位。1 千欧 = 1000 欧，1 兆欧 = 1000000 欧。有时候把电阻标称值的"Ω"省去，比如 10k Ⅰ，表示标称值是 10 千欧，误差等级是 5%。另外由于在电阻上标注小数点有时不容易辨认，近年来有些小型电阻采用如下方法标注：比如把 1.5K 的电阻标成 1k5，把 4.7K 的电阻标成 4k7 等。

电流通过电阻的时候，会有一部分电功率消耗在电阻上，所以电阻会发热。如果消耗在电阻上的功率超过电阻允许的耗散功率，电阻很容易烧毁。电阻允许承受的最大耗散功率叫做电阻的额定功率。在电路中，往往电阻上实际消耗的功率只有额定功率的 1/2 左右。有时为了方便，只把大于 1/8 瓦的电阻标注额定功率，没有标注的都是 1/8 瓦，或者在电路图下方做统一注明。

（3）电阻的串联和并联

有时候手头电阻标称值不符合要求，可以用多个电阻串联、并联，凑成需要的阻值。串联后的总阻值

$$R_{串} = R_1 + R_2 + R_3 + \cdots$$

并联后的总阻值

$$R_{并} = \cfrac{1}{\cfrac{1}{R_1} + \cfrac{1}{R_2} + \cfrac{1}{R_3} + \cdots}$$

无论是串联还是并联，电路中消耗的总功率是各电阻消耗功率的总和，但不同阻值的电阻所消耗的功率一般是不相同的。

在串联电路中，由于电流相同，阻值越大的电阻分压越大，所以消耗在它上面的功率也越大；在并联电路中，由于电阻两端电压相等，阻值越小的电阻所通过的电流越大，所以在它上面消耗的功率也就越大。

（4）电阻的选用

一般无线电制作都可以选用价格便宜的碳膜电阻。如果电路板上的空间尺寸很小，实际耗散功率又比较大，可以选用金属膜电阻。耗散功率大于5瓦时，一般要选用线绕电阻。控制弱信号时，一般选用碳膜电位器。控制大电流时，如果消耗在电位器上的功率超过2瓦，一般使用线绕电位器。

选用热敏电阻时，要注意温度系数的要求。

计算实际消耗在电阻或者电位器上的功率，可以用如下公式：

$$P = IU, \quad P = \frac{U^2}{R}, \quad P = I^2R$$

式中 P 是消耗在电阻上的功率，单位是瓦。I 是流过电阻的电流，单位是安。U 是电阻两端的电压，单位是伏。R 是电阻的阻值，单位是欧。

其中 $P = \frac{U^2}{R}$ 这一公式使用得最多。

（5）电阻的识别

电阻在电路中的主要作用是分流、限流、分压、偏置、滤波（与电容器组合使用）和阻抗匹配等。在电路中，常见的电阻参数标注方法有数标法和色标法。

数标法主要用于贴片等小体积的电路，如：472 表示 $47 \times 10^2 \Omega$（即 4.7kΩ）；104 则表示 $10 \times 10^4 \Omega$，即 100kΩ。色环标注法使用最多，现举例如下。

四色环电阻、五色环电阻（精密电阻）的色标位置和倍率关系如表 1-1：

表 1-1　四色、五色环电阻色标位置和倍率关系表

颜　色	有效数字	倍率	允许偏差
银色	/	10^{-2}	±10%
金色	/	10^{-1}	±5%
黑色	0	10^0	/
棕色	1	10^1	±1%
红色	2	10^2	±2%
橙色	3	10^3	/
黄色	4	10^4	/
绿色	5	10^5	±0.5%
蓝色	6	10^6	±0.2%
紫色	7	10^7	±0.1%
灰色	8	10^8	/
白色	9	10^9	+5% ~ -20%
无色	/	/	±20%

2. 电容器

电容器是储存电荷的容器，它由两个金属极板中间填充介质所组成。电容量则是衡量电容器储存电荷能力大小的物理量。在两个相互绝缘的导体上，加上一定的电压，它们就会储存一定的电量。其中一个导体储存着正电荷，另一个导体储存着大小相等的负电荷。加上的电压越大，储存的电量就越多。储存的电量和加上的电压是成正比的，它们的比值叫做电容。

（1）电容器的基本特性和种类

电容器在电路中用字母 C 表示，电容器基本结构是由互相靠近，但又彼此绝缘的两块金属片组成的。这两块金属片叫做电容器的极板。两块金属片之间的绝缘材料叫做电容器介质。

电容器的基本特性是能够储存电荷，有充放电特性。它能起"隔直通交"的作用。隔直通交是指直流电不能通过电容器，交流电能够通过电容器。虽然交流电能通过电容器，但电容对交流电仍有一定的阻碍作用，这种阻碍作用叫做"容抗"。常用字母 X_c 表示，单位是欧。容抗 X_c 同交流电的频率 f 和电容量 C 成反比，

$$X_c = \frac{1}{2\pi f C}$$

容抗同电阻不一样，它在电路中是不消耗功率的。

按不同的介质划分，电容器有纸介电容、金属化纸介电容、云母电容、陶瓷电容、有机薄膜电容、电解电容等类型。按电容量是否可变划分，有可变电容、半可变（微调）电容和固定电容。

电容可以用电容测试仪测量，也可以用万用电表欧姆挡粗略估测。欧姆表红、黑两表笔分别碰接电容的两脚，欧姆表内的电池就会给电容充电，指针偏转，充电完了，指针回零。调换红、黑两表笔，电容放电后又会反向充电。电容越大，指针偏转也越大。对比被测电容和已知电容的偏转情况，就可以粗略估计被测电容的量值。在一般的电子电路中，除了调谐回路等需要容量较准确的电容以外，用得最多的隔直电容、旁路电容、滤波电容等，都不需要容量准确的电容。因此，用欧姆挡粗略估测电容量值是有实际意义的。

但是，普通万用电表欧姆挡只能估测量值较大的电容，量值较小的电容就要用中值电阻很大的晶体管万用电表欧姆挡来估测，小于几十个皮法的电容就只好用电容测试仪测量了。

（2）电容器的基本参数

电容量表示电容器在每伏电压作用下能储存电荷的多少，它是由电容器本身的结构决定的。电容器两块金属片的距离越近，金属片面积越大，电容量也就越大。电容量的单位是法（F）。因为法这个单位太大，所以常用微法（μF）或者皮法（pF）做单位。1 法 = 1000000 微法，1 微法 = 1000000 皮法。

电容量的标称值采用同电阻值标称值相同的系列，常用电容的误差等级也分 3 级：Ⅰ 级 ±5% 、Ⅱ 级 ±10% 、Ⅲ 级 ±20% 。误差等级一般标注在标称值的后面。

电容器的耐压，也叫做工作电压，它表示电容器长期可靠地安全工作的最高电压。在电路中，电容器两端的电压一般不能超过工作电压。如果超过工作电压 50% ，介质就有可能被击穿，电容器就会损坏。

电容器两极板之间介质的电阻叫做电容器的绝缘电阻。它一般在 1000

兆欧以上。在电压作用下，总有极微弱的电流通过介质，这种电流叫做电容器的漏电电流。漏电电流会产生电能的消耗，叫做电容器的损耗。在高频电路里，电容器的损耗显得比较突出。

（3）电容器的串联和并联

几个电容器串联后的总容量

$$C_{串} = \cfrac{1}{\cfrac{1}{C_1} + \cfrac{1}{C_2} + \cfrac{1}{C_3} + \cdots}$$

几个电容器并联后的总容量

$$C_{并} = C_1 + C_2 + C_3 + \cdots$$

电容器串联后，工作电压可以提高。并联后，工作电压等于各分电容中工作电压最低的一个。

（4）电容器的选用

在高频电路里，要选用高频陶瓷、云母、有机薄膜等电容。在低频电路里，可以选用低频陶瓷、金属化纸介、电解等电容。用在谐振回路里的电容，要求电容量准确。用在滤波、旁路方面的电容，电容量不要求很准确，即使电容量比电路图上的大一倍也没有什么关系。电解电容是有极性的，使用的时候正、负极不能接错。接错了就会很快损坏。另外，电解电容一般不能用在交流电路中，但作信号耦合是允许的。

电容器在工作的时候，两端的电压一般不要超过规定的工作电压，但短时间超过一些也不会立刻损坏。

电容器的故障主要表现为：引脚腐蚀、脱焊和虚焊、漏液等造成容量小或开路故障，以及漏电、严重漏电和击穿故障。

（5）电容器的识别

电容器在电路中的识别和电阻的基本相同，分直标法、色标法和数标法3种。

容量大的电容其容量值在电容上直接标明，如$10\mu F/16V$。

容量小的电容其容量值在电容上用字母表示或数字表示。

字母表示法：$1mF = 1000\mu F$；$1P2 = 1.2pF$；$1n = 1000pF$。

数字表示法：一般用三位数字表示容量大小，前两位表示有效数字，第三位数字是倍率。

如：102 表示 $10 \times 10^2 pF = 1000pF$；224 表示 $22 \times 10^4 pF = 0.22\mu F$

电容容量允许误差的表示方法是 F—$\pm 1\%$；G—$\pm 2\%$；J—$\pm 5\%$；K—$\pm 10\%$；L—$\pm 15\%$；M—$\pm 20\%$。如：一瓷片的电容为 104J 表示容量为 $0.1\mu F$、误差为 $\pm 5\%$。

3. 电感线圈

电感是衡量线圈产生电磁感应能力的物理量。给一个线圈通入电流，线圈周围就会产生磁场，线圈就有磁通量通过。通入线圈的电流越大，磁场就越强，通过线圈的磁通量就越大。实验证明，通过线圈的磁通量和通入的电流是成正比的，它们的比值叫做自感系数，也叫做电感。如果通过线圈的磁通量用 φ 表示，电流用 I 表示，电感用 L 表示，那么 $L = \varphi/I$。电感的单位是亨（H），也常用毫亨（mH）或微亨（μH）做单位。1H = 1000mH，1H = 1000000μH。

（1）电感的特性与种类

电感线圈简称电感或者线圈，它通入变化的电流后能产生阻碍电流变化的感应电动势。电感在电路中常用字母 L 表示。

按电感线圈的中芯材料性质划分，电感线圈有空芯电感、磁芯电感、铁芯电感、铜芯电感等。按电感量是否可以调整划分，电感线圈有固定电感和可调电感。比如日光灯的镇流器是铁芯的固定电感，而收音机的中周变压器属于磁芯的可调电感。按工作性质划分，电感线圈有天线线圈、振荡线圈、扼流线圈、陷波线圈、偏转线圈。按绕线结构划分，电感线圈有单层线圈、多层线圈、蜂房式线圈。

（2）电感线圈的基本参数

①电感量

电感量是电感线圈的基本参数，它是衡量电感对交流电阻碍作用大小的一个量。它表示线圈本身固有特性，与电流大小无关。除专门的电感线圈（色码电感）外，电感量一般不专门标注在线圈上，而以特定的名称标注。

电感量的单位是亨（H）。常用单位还有毫亨（mH）和微亨（μH），1 亨 = 1000 毫亨,1 毫亨 = 1000 微亨。电感量的大小同线圈的形状、长度、直径、圈数以及磁芯或铁芯的材料有关。一般来说，圈数越多，电感量越大；磁芯或铁芯的导磁性越好，电感量也越大。

②感抗

由于电感线圈是由导线绕制成的，它的直流电阻很小，所以它对直流电来说可以近似看成短路。它对交流电有一定的阻碍作用，这种阻碍作用叫做感抗，常用 X_L 表示，单位也是欧 Ω。感抗 X_L 同交流电的频率和电感量成正比：

$$X_\mathrm{L} = 2\pi f L$$

纯感抗同容抗一样，在电路中是不消耗功率的。但在实际的线圈中，绕制线圈的导线总有一定电阻，所以电感线圈是要消耗一些功率的。

③品质因素

衡量电感线圈的质量优劣，常用线圈的品质因数 Q 来表示。Q 为感抗 X_L 与其等效的电阻的比值，即：$Q = X_\mathrm{L}/R$。它是一个数，没有单位。

Q 值同线圈的电阻损耗、磁芯损耗、骨架介质损耗有关，高频电流通过电感时的各种损耗越大，Q 值就越低。线圈的 Q 值愈高，回路的损耗愈小。线圈的 Q 值与导线的直流电阻、骨架的介质损耗、屏蔽罩或铁芯引起的损耗、高频趋肤效应的影响等因素有关。线圈的 Q 值通常为几十到几百。

Q 值可用专门的测试仪器测量出来。提高线圈 Q 值的方法有：采用尽可能粗的镀银导线或者用多股绞合线；选用绝缘性能好的材料做骨架；选用高频损耗小的磁芯；增大线圈的直径等。

④分布电容

线圈的匝与匝间、线圈与屏蔽罩间、线圈与底版间存在的电容被称为分布电容。分布电容的存在使线圈的 Q 值减小，稳定性变差，因而线圈的分布电容越小越好。

（3）电感线圈的选用

在低频电路中的电感主要用作滤波和镇流，要求电感量大，所以常用铁芯电感。在高频电路中的电感，有时和电容组成谐振回路，用来选择电台，有时用作高频滤波，要求线圈的 Q 值高，所以常用磁芯电感或空芯电感。在超高频电路中，磁芯的损耗已经不能忽视，为了解决电感量的调整问题，常用铜芯电感，利用高频电流在铜芯上产生的涡流来减小电感量，铜芯伸进线圈越多，电感量就越小，同磁芯的作用正好相反。电视机的微

调就是利用可调的铜芯电感完成的。常用的线圈有以下几种：

①单层线圈：用绝缘导线一圈挨一圈地绕在纸筒或胶木骨架上。如晶体管收音机中波天线线圈。

②蜂房式线圈：如果所绕制的线圈，其平面不与旋转面平行，而是相交成一定的角度，这种线圈称为蜂房式线圈。而其旋转一周，导线来回弯折的次数，常称为折点数。蜂房式绕法的优点是体积小、分布电容小，而且电感量大。蜂房式线圈都是利用蜂房绕线机来绕制的，折点越多，分布电容越小。

③铁氧体磁芯和铁粉芯线圈：线圈的电感量大小与有无磁芯有关。在空芯线圈中插入铁氧体磁芯，可增加电感量和提高线圈的品质因素。

④铜芯线圈：在超短波范围应用较多，利用旋动铜芯在线圈中的位置来改变电感量，这种调整比较方便、耐用。

⑤色码电感器：具有固定电感量的电感器，其电感量标志方法同电阻一样以色环来标记。

⑥阻流圈（扼流圈）：限制交流电通过的线圈称阻流圈，分高频阻流圈和低频阻流圈。

⑦偏转线圈：电视机扫描电路输出级的负载，偏转线圈要求偏转灵敏度高、磁场均匀、Q 值高、体积小、价格低。

4. 变压器

（1）变压器的特性

变压器应用十分广泛，它既应用在电力工程中，又应用在无线电领域中。变压器常用字母 B 表示。两个互相靠近的线圈，通过磁场耦合，就构成了变压器。当初级线圈 L_1 接上交流电源的时候，在铁芯中就会产生交变磁场，这个交变磁场在次级线圈 L_2 两端就会感应出交流电压 U_2。如果在次级接上负载电阻，会有交流电流流过负载电阻。

变压器虽然能变换电压，但不能变换功率。在输入一定功率条件下，电压升高了，电流就要减小；电压降低了，电流就要增大。因此，变压器初、次级电流比等于初、次级圈数的反比：

$$\frac{i_1}{i_2} = \frac{N_2}{N_1}$$

变压器还能变换阻抗。如果在变压器次级接负载阻抗 Z_2，这时从初级看去，就有等效阻抗 Z_1。变压器初、次级的阻抗比等于初、次级圈数平方比：

$$\frac{Z_1}{Z_2} = \frac{N_1{}^2}{N_2{}^2}$$

（2）变压器的种类

按冷却方式不同可分为：干式（自冷）变压器、油浸（自冷）变压器、氟化物（蒸发冷却）变压器。

按防潮方式可分为：开放式变压器、灌封式变压器、密封式变压器。

按铁芯或线圈结构不同可分为：芯式变压器（插片铁芯、C 型铁芯、铁氧体铁芯）、壳式变压器（插片铁芯、C 型铁芯、铁氧体铁芯）、环型变压器、金属箔变压器。

按电源相数不同可分为：单相变压器、三相变压器、多相变压器。

按用途不同可分为：电源变压器、调压变压器、音频变压器、中频变压器、高频变压器、脉冲变压器。

按照工作频率不同可分为：低频变压器、中频变压器和高频变压器。低频变压器又可以分成电源变压器和音频变压器。它们的工作频率一般在20 赫到 20 千赫之间。

电源变压器是用来变换 50 赫交流电压的。音频变压器主要用作音频放大器的级间耦合和输出阻抗匹配。例如收音机的输入、输出变压器。动圈话筒中的阻抗变换变压器都属于音频变压器。

中频变压器又叫做中周，主要用在收音机的中频放大电路中，它既有

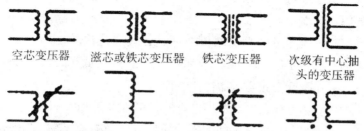

空芯变压器　　滋芯或铁芯变压器　　铁芯变压器　　次级有中心抽
头的变压器

耦合可变的变压器　自耦变压器　带可调磁芯的变压器　有极性空芯变压器
（圆点是变压器极性的标记）

图 2-1　变压器的符号

阻抗匹配的作用，又同电容器组成谐振回路起选择中频信号的作用。一般收音机中频变压器的工作频率是 465 千赫，调频收音机和电视机的中频变压器的工作频率是 10.7 兆赫和 31～37 兆赫。高频变压器通常指收音机的磁性天线、电视机的输入回路等，工作频率一般在 500 千赫以上。图 2-1 画出了各种变压器的符号。

（3）变压器的参数

①电源变压器的特性参数

工作频率：变压器铁芯损耗与频率关系很大，故应根据使用频率来设计和使用，这种频率称工作频率。

额定功率：在规定的频率和电压下，变压器能长期工作，而不超过规定温升的输出功率。

额定电压：指在变压器的线圈上所允许施加的电压，工作时不得大于规定值。

电压比：指变压器初级电压和次级电压的比值，有空载电压比和负载电压比的区别。

空载电流：变压器次级开路时，初级仍有一定的电流，这部分电流称为空载电流。空载电流由磁化电流（产生磁通）和铁损电流（由铁芯损耗引起）组成。对于 50 赫电源变压器而言，空载电流基本上等于磁化电流。

空载损耗：指变压器次级开路时，在初级测得功率损耗。主要损耗是铁芯损耗，其次是空载电流在初级线圈铜阻上产生的损耗（铜损），这部分损耗很小。

效率：指次级功率与初级功率比值的百分比。通常变压器的额定功率愈大，效率就愈高。

绝缘电阻：表示变压器各线圈之间、各线圈与铁芯之间的绝缘性能。绝缘电阻的高低与所使用的绝缘材料的性能、温度高低和潮湿程度有关。

②音频变压器和高频变压器特性参数

频率响应：指变压器次级输出电压随工作频率变化的特性。

通频带：如果变压器在中间频率的输出电压为 U_o，当输出电压（输入电压保持不变）下降到 $0.707U_o$ 时的频率范围，称为变压器的通频带 B。

初、次级阻抗比：变压器初、次级接入适当的阻抗 R_o 和 R_i，使变压器初、次级阻抗匹配，则 R_o 和 R_i 的比值称为初、次级阻抗比。在阻抗匹配的情况下，变压器工作在最佳状态，传输效率最高。

5. 扬声器

扬声器是一种常见的把音频电流转换成声音的电声组件，俗称喇叭。在电路中，扬声器常用字母 Y 表示。

（1）扬声器的特性与种类

扬声器的基本结构见图 2 - 2。当音圈中通过音频电流的时候，由于磁场对电流的作用，音圈将按音频电流的频率作轻微振动，同时带动纸盆振动，发出声音。因此，它是把电信号变成声音的组件，所以它是一种电声组件。

常用扬声器按照磁铁的结构不同，可以分成内磁式和外磁式两种。①内磁式的磁体在音圈内，外面用软铁封起来，磁体对外界影响很小。磁体用铝镍钴合金制成，体积小，

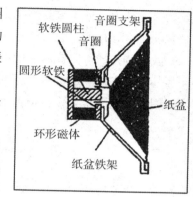

图 2 - 2

重量轻，磁性强，但价格较贵。②外磁式的磁体采用钡铁氧体制成，磁体呈环形，体积较大，重量较重。由于磁体外露，所以对外界有一定影响，但外磁式价格便宜，使用比较广泛。扬声器的符号和外形如图 2 - 3 所示。

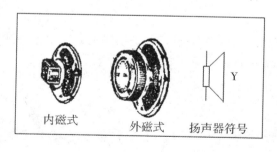

图 2 - 3

（2）扬声器的主要参数

扬声器的主要参数有标称功率、阻抗和口径。

标称功率又叫额定功率，它是指扬声器长期工作时所能承受的电功率，瞬时超过额定功率 1 倍，扬声器是不会损坏的。

扬声器的阻抗是指音圈对 400 赫交流信号呈现的阻抗。当我们不知道音圈的阻抗的时候，可以测量音圈的直流电阻，直流电阻乘上 1.4 就近似等于音圈阻抗。

扬声器的口径是指扬声器的纸盆最大外径，一般来说，口径越大，额定功率也越大。近年来新型扬声器不断出现，同一种口径的扬声器，往往额定功率有好几种，选用时要特别注意。

我们测得扬声器音圈上的电压，就能够知道输入到扬声器上面的功率是否超过了它的额定功率。比如某个扬声器的额定功率是 0.4 瓦，测得扬声器音圈上的电压是 2 伏，扬声器阻抗是 8 欧，这时候扬声器实际承受的功率是：

$$P = \frac{U^2}{Z} = \frac{2^2}{8} = 0.5 \ （瓦）$$

从结果可以知道，扬声器实际承受的功率，超过扬声器的额定功率不很多，不会出现什么问题。

除了上述三个参数，扬声器的参数还有共振频率和指向性。

扬声器的输入阻抗是随频率而变化的，扬声器在低频单某一频率处，输入阻抗最大，这一频率称为共振频率 f_0，共振频率与扬声器的振动系统有关，振动系统质量越大，纸盆折环、定心支持越柔软，其共振频率就越低。

扬声器在不同方向上声辐射本领是不同的，表示这种性能的指标叫辐射指向性，指向性与频率有关，扬声器的辐射指向性随频率升高而增强，一般在 250 ~ 300 赫以下，没有明显的指向性。

6. 耳机

耳机也是一种电声组件，从外形上区分有耳塞式和头戴

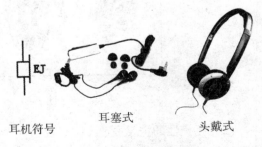

耳机符号　　　耳塞式　　　头戴式

图 2 - 4　耳机的外形和符号

式两种。它们的外形和符号如图 2 - 4 所示。在电路中，耳机常用字母 EJ 或 R 表示。

耳机由磁铁、线圈、振动膜片和外壳组成。当音频电流通过线圈的时候，磁铁的磁场就会随音频电流忽强忽弱地变化，振动膜片受到的吸力也随着变化，因而膜片产生了振动，从而发出声音。

随着立体声技术的发展，近年来出现了音质优良的动圈耳机。它同扬声器的结构基本相同。向两个耳机分别输入左、右声道的信号，听起来立体声效果非常逼真，而且不影响旁人。因此，高质量的动圈立体声耳机是个人欣赏立体声音乐的一种理想组件。

耳机有高阻和低阻之分。低阻耳机的阻抗在 8 ~ 16 欧之间，高阻耳机的阻抗在 500 欧以上。耳塞式耳机的阻抗有 8 欧、10 欧、800 欧、1500 欧等多种。头戴式耳机的阻抗有 2000 欧、4000 欧等多种。动圈式耳机阻抗有 8 欧、16 欧两种。

一般耳机的额定功率都很小，动圈耳机的额定功率大一些。

7. 继电器

继电器是控制电路里经常用到的一种组件。它具有控制系统（又称输入回路）和被控制系统（又称输出回路），通常应用于自动控制电路中。它实际上是用较小的电流去控制较大电流的一种"自动开关"，故在电路中起着自动调节、安全保护、转换电路等作用。

（1）继电器的种类

①按继电器的工作原理或结构特征分为：

A. 电磁继电器：利用输入电路内电路在电磁铁铁芯与衔铁间产生的吸力作用而工作的一种电气继电器。

a）直流电磁继电器：输入电路中的控制电流为直流的电磁继电器。

b）交流电磁继电器：输入电路中的控制电流为交流的电磁继电器。

c）磁保持继电器：利用永久磁铁或具有很高剩磁特性的铁芯，使电磁继电器的衔铁在其线圈断点后仍能保持在线圈通电时的位置上的继电器。

B. 固体继电器：指电子组件履行其功能而无机械运动构件的，输入和输出隔离的一种继电器。

C. 温度继电器：当外界温度达到给定值时而动作的继电器。

D. 舌簧继电器：利用密封在管内，具有触电簧片和衔铁磁路双重作用的舌簧的动作来开、闭或转换线路的继电器。

a）干簧继电器：舌簧管内的介质为真空、空气或某种惰性气体，即具有干式触点的舌簧继电器。

b）湿簧继电器：舌簧片和触点均密封在管内，并通过管底水银槽中水银的毛细作用，而使水银膜湿润触点的舌簧继电器。

E. 时间继电器：当加上或除去输入信号时，输出部分需延时或限时到规定的时间才闭合或断开其被控线路的继电器。

a）电磁时间继电器：当线圈加上信号后，通过减缓电磁铁的磁场变化而后的延时的时间继电器。

b）电子时间继电器：由分立组件组成的电子延时线路所构成的时间继电器，或由固体延时线路构成的时间继电器。

c）混合式时间继电器：由电子或固体延时线路和电磁继电器组合构成的时间继电器。

F. 高频继电器：用于切换高频、射频线路而具有最小损耗的继电器。

G. 极化继电器：由极化磁场与控制电流通过控制线圈，所产生的磁场综合作用而动作的继电器。继电器的动作方向取决于控制线圈中流过的电流方向。

a）二位置极化继电器：继电器线圈通电时，衔铁按线圈电流方向被吸向左边或右边的位置，线圈断电后，衔铁不返回。

b）二位置偏倚继电器：继电器线圈断电时，衔铁靠在一边；线圈通电时，衔铁被吸向另一边。

c）三位置极化继电器：继电器线圈通电时，衔铁按线圈电流方向被吸向左边或右边的位置；线圈断电后，总是返回到中间位置。

H. 热继电器：利用热效应而动作的继电器。

a）温度继电器：当外界温度达到规定要求时而动作的继电器。

b）电热式继电器：利用控制电路内的电能转变成热能，当达到规定要求时而动作的继电器。

I. 光电继电器利用光电效应而动作的继电器。

②按继电器的负载分为：

A. 微功率继电器：当触点开路电压为直流 28 伏时，触点额定负载电流（阻性）为 0.1 安、0.2 安的继电器。

B. 弱功率继电器：当触点开路电压为直流 28 伏时，触点额定负载电流（阻性）为 0.5 安、1 安的继电器

C. 中功率继电器：当触点开路电压为直流 28 伏时，触点额定负载电流（阻性）为 2 安、5 安的继电器

D. 大功率继电器：当触点开路电压为直流 28 伏时，触点额定负载电流（阻性）为 10 安、15 安、20 安、25 安、40 安……的继电器。

③按继电器的外形尺寸分类：

A. 微型继电器：最长边尺寸不大于 10 毫米的继电器。

B. 超小型微型继电器：最长边尺寸大于 10 毫米，但不大于 25 毫米的继电器。

C. 小型微型继电器：最长边尺寸大于 25 毫米，但不大于 50 毫米的继电器。

＊注：对于密封或封闭式继电器，外形尺寸为继电器本体三个相互垂直方向的最大尺寸，不包括安装件、引出端、压筋、压边、翻边和密封焊点的尺寸。

④按继电器的防护特征分类：

A. 密封继电器：采用焊接或其他方法，将触点和线圈等密封在罩子内，与周围介质相隔离，其泄漏率较低的继电器。

B. 封闭式继电器：用罩壳将触点和线圈等密封加以防护的继电器。

C. 敞开式继电器：不用防护罩来保护触点和线圈等的继电器。

以上继电器在电子制作中最常用的是电磁继电器和干簧继电器两种。

★电磁继电器

图 2－5 是电磁继电器的结构。电磁继电器是由铁芯、线圈、衔铁、弹簧、簧片、触点等组成。线圈套在铁芯上，弹簧拉着衔铁，使簧片和触点 1 闭合接通，形成常闭触点，相当于一个常闭开关。簧片和触点 2 断开，形成常开触点，相当于一个常开开关。当开关 K 接通的时候，线圈有电流通过，

铁芯产生电磁吸力，吸合衔铁，使常闭触点 1 断开，常开点触点 2 闭合，接通了电灯泡的电路，使电灯泡发光，当开关 K 断开的时候，线圈中没有电流通过，铁芯磁力消失，在弹簧的作用下，使常闭触点 1 闭合，常开触点 2 断开，切断电灯泡的电路，电灯熄灭。

对于继电器的"常开、常闭"触点，可以这样来区分：继电器线圈未通电时处于断开状态的静触点，称为"常开触点"；处于接通状态的静触点称为"常闭触点"。

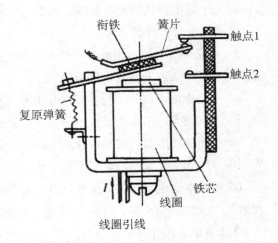

图 2－5　电磁继电器的典型结构

电磁继电器的主要参数有：额定工作电压或额定工作电流、线圈直流电阻、吸合电流或吸合电压、释放电流或释放电压、触点负荷等。如果知道了线圈的直流电阻和额定工作电流，就可以根据欧姆定律求出额定工作电压来；同样，知道了线圈直流电阻和额定工作电压，也可以求出额定工作电流。

吸合电流是指继电器能够产生吸合动作的最小电流。但这时候继电器的吸合动作不是十分可靠的。只有让线圈通过额定工作电流或者加上额定工作电压，继电器的吸合动作才是可靠的。

在实际运用中，要使继电器吸合，就要使它的电压等于或略大于额定工作电压，或者使它的电流等于或略大于额定工作电流。但也不能太大，一般不超过额定值的 1.5 倍，否则容易烧坏线圈。

通过线圈的电流减少到一定程度，继电器就从吸合状态转到释放状态。释放电流是指继电器产生释放动作的最大电流。释放电流比吸合电流小得多。在实际使用时，常用晶体管代替开关 K。如果晶体管的穿透电流比较大，这时就应选用释放电流大的继电器，否则晶体管截止了，继电器仍不能释放，就起不到电磁开关的作用了。

触点负荷决定了继电器触点能控制的电压和电流的大小，使用的时候，不能用触点负荷小的继电器去控制大电流或者高电压，否则容易把触点烧坏。继电器使用久了，触点上出现了氧化层，可以用银砂纸轻轻擦拭。触点形式有常开触点（H）、常闭触点（D）、转换触点（Z）等。

★干簧继电器

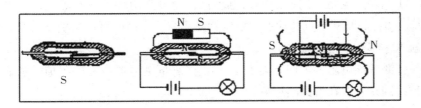

图2-6　干簧管及其动作原理

干簧继电器是由干簧管和励磁线圈组成的。干簧管如图2-6所示，它是两片导磁簧片装在有惰性气体的玻璃管中制成的。如果把一块永久磁铁放到干簧管附近，或在干簧管外面绕上线圈，并且通入电流，两簧片在磁场作用下就会被磁化。由于两簧片的接近端磁性相异，互相吸引，使簧片接触，被控电路就会接通。把永久磁铁拿开，或者切断通入线圈的电流，由于磁场消失，簧片依靠本身的弹力，脱离接触，被控电路就会断开。

干簧继电器主要参数有：额定工作电压、直流电阻、吸合电流、释放电流和触点切换电压和电流。

额定工作电压是指继电器正常工作时线圈所需要的电压。根据继电器的型号不同，可以是交流电压，也可以是直流电压。

直流电阻是指继电器中线圈的直流电阻，可以通过万能表测量。

吸合电流是指继电器能够产生吸合动作的最小电流。在正常使用时，给定的电流必须略大于吸合电流，这样继电器才能稳定地工作。而对于线圈所加的工作电压，一般不要超过额定工作电压的1.5倍，否则会产生较大的电流而把线圈烧毁。

释放电流是指继电器产生释放动作的最大电流。当继电器吸合状态的电流减小到一定程度时，继电器就会恢复到未通电的释放状态。这时的电

流远远小于吸合电流。

触点切换电压和电流是指继电器允许加载的电压和电流。它决定了继电器能控制电压和电流的大小，使用时不能超过此值，否则很容易损坏继电器的触点。

（2）继电器的测试

①测触点电阻：用万能表的电阻档，测量常闭触点与动点电阻，其阻值应为0；而常开触点与动点的阻值就为无穷大。由此可以区别出哪个是常闭触点，哪个是常开触点。

②测线圈电阻：可用万能表 R×10 挡测量继电器线圈的阻值，从而判断该线圈是否存在着开路现象。

③测量吸合电压和吸合电流：找来可调稳压电源和电流表，给继电器输入一组电压，且在供电回路中串入电流表进行监测。慢慢调高电源电压，听到继电器吸合声时，记下该吸合电压和吸合电流。为求准确，可以试多几次而求平均值。

④测量释放电压和释放电流：也是像上述那样连接测试，当继电器发生吸合后，再逐渐降低供电电压，当听到继电器再次发生释放声音时，记下此时的电压和电流，亦可尝试多几次而取得平均的释放电压和释放电流。一般情况下，继电器的释放电压约在吸合电压的 10% ~ 50%，如果释放电压太小（小于1/10的吸合电压），则不能正常使用了，这样会对电路的稳定性造成威胁，工作不可靠。

（3）继电器的电符号和触点形式

继电器线圈在电路中用一个长方框符号表示，如果继电器有 2 个线圈，就画 2 个并列的长方框。同时在长方框内或长方框旁标上继电器的文字符号"J"。继电器的触点有 2 种表示方法：①把它们直接画在长方框一侧，这种表示法较为直观。②按照电路连接的需要，把各个触点分别画到各自的控制电路中，通常在同一继电器的触点与线圈旁分别标注上相同的文字符号，并将触点组编上号码，以示区别。

继电器的触点有 3 种基本形式：

①动合型（H型）线圈不通电时两触点是断开的，通电后，两个触点就闭合。以"合"字的拼音字头"H"表示。

②动断型（D 型）线圈不通电时两触点是闭合的，通电后两个触点就断开。用"断"字的拼音字头"D"表示。

③转换型（Z 型）这是触点组型。这种触点组共有 3 个触点，即中间是动触点，上下各一个静触点。线圈不通电时，动触点和其中一个静触点断开和另一个闭合，线圈通电后，动触点就移动，使原来断开的成闭合，原来闭合的成断开状态，达到转换的目的。这样的触点组称为转换触点。用"转"字的拼音字头"Z"表示。

（4）继电器的选用

①首先了解必要的条件

A. 控制电路的电源电压，能提供的最大电流。

B. 被控制电路中的电压和电流。

C. 被控电路需要几组、什么形式的触点。选用继电器时，一般控制电路的电源电压可作为选用的依据。控制电路应能给继电器提供足够的工作电流，否则继电器吸合是不稳定的。

②查阅有关资料确定使用条件后，可查找相关资料，找出需要的继电器的型号和规格号。若手头已有继电器，可依据资料核对是否可以利用。最后考虑尺寸是否合适。

③注意器具的容积。若是用于一般用电器，除考虑机箱容积外，小型继电器主要考虑电路板安装布局。对于小型电器，如玩具、遥控装置则应选用超小型继电器产品。

二、电子器件

1. 晶体二极管

（1）晶体二极管的特性

晶体二极管在电路中一般采用字母 BG 或者 D 表示，本书采用 D 表示。二极管是由一个 PN 结组成的，它有正、负两个电极。

①单向导电性

晶体二极管的基本特性是单向导电性。如果二极管正极接到电池的正端，二极管负极接到电池的负端（如图 2－7a 所示），这时候，电流表的读数很大，说明二极管的内阻很小，处于导通状态。这种连接的方式叫做正向连接，通过二极管的电流叫做正向电流。如果二极管正极接到电池的负端，二极管负极接到电池的正端（如图2-7b所示），这时候，电流表的读数很小，说明二极管的内阻很大，处于截止状态。这种连接方式叫做反向连接，通过二极管的电流叫做反向电流。以上试验说明二极管具有单向导电性。

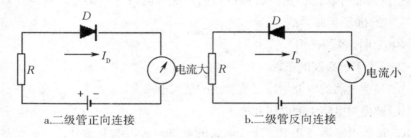

a.二级管正向连接   b.二级管反向连接

图2-7 晶体二极管的单向导电性

②特性曲线

为了描述晶体二极管单向导电的特性，经常使用特性曲线，如图2-8所示。坐标横轴代表加在二极管两端的电压，纵轴代表流过二极管的电流。当二极管正向连接的时候，随正向电压升高，流过二极管的正向电流也增大。但正向电压很低的时候，正向电流的增长很慢，并不同正向电压的增长成比例。当锗二极管的正向电压大于0.2伏以后，硅二极管的正向电压大于0.5伏以后，正向电流随正向电压的增大而明显增长。二极管的这种导电特性和电阻的是不同的，电阻是线性组件，而二极管是非线性组件。

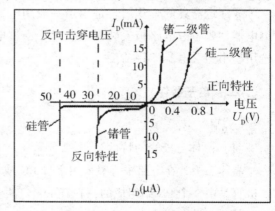

图2-8 晶体二极管特性曲线

当二极管反向连接的时候，通过二极管的只有微弱的反向电流，而且反向电流几乎不随反向电压的增加而增大，所以叫做反向饱和电流。它同正向电流相比是很小的，可以看成完全不导电。当反向电压大到一定程度，反向电流突然增大，如果继续增大反向电压，二极管将会击穿，二极管就损坏了。使用二极管是不允许二极管的反向电压达到击穿电压的。

利用二极管的单向导电特性可以把交流电变成直流电，这个过程叫做整流；还可以从载有低频信号的高频信号中取出低频信号来，这个过程叫做检波。

（2）晶体二极管的主要参数

晶体二极管的主要参数有以下几个：

①最大整流电流。它是指晶体管长期工作时允许通过的最大正向平均电流。它决定于 PN 结的面积、材料和散热条件。最大整流电流较大（1 安培以上）的二极管，往往都有金属外壳，使用的时候要装上适当的散热片。瞬时超过最大整流电流，二极管是不会损坏的，但长期使用是不允许超过的。

②最高反向工作电压。当反向电压达到击穿电压的时候，二极管就会损坏，所以使用说明中给出的二极管最高反向工作电压同击穿电压之间都有一定的余量。使用的时候只要不超过最高反向工作电压，二极管是不会击穿的。

③反向电流。这是二极管加反向电压，但没有击穿时的反向电流值。反向电流越小，管子的质量越好。一般硅二极管的反向电流要比锗二极管的反向电流小得多。

④最高工作频率。这是指二极管能够起单向导电作用的最高频率。如果信号频率高于最高工作频率，二极管将失去单向导电作用，甚至发热损坏。最高工作频率主要由二极管的极间电容决定。整流用的二极管最高工作频率只有 3000 赫，检波用二极管的工作频率可达 100 兆赫以上。

（3）晶体二极管的种类

常见的晶体二极管有作检波用的普通二极管，如 2AP 或 2CP 型；作整流用的整流二极管，如 2CZ 型；作稳压用的稳压二极管，如 2CW 或 2DW 型；在脉冲电路中作开关用的开关二极管，如 2AK 或 2CK 型；在光电控制电路中使用的光电二极管，如 2CU 或 2DU 型，还有各种发光二极

管等。

稳压管一般有较低的击穿电压。击穿后，适当限制反向电流，稳压管是不会损坏的。稳压管击穿后，管子两端的反向电压将不随流过管子的反向电流的变化而变化。因此稳压管两端的电压将是很稳定的。

光电管是利用半导体材料的光敏特性制成的。某些半导体材料，有光照射时导电性能很好；无光照射时，导电性能很差。利用这种特性制成的光电二极管和光电三极管，广泛应用在各种光电控制电路中。

（4）晶体二极管的测试

利用万用电表的欧姆挡可以对二极管的性能进行简易测试。把万用电表拨到 R×1000 挡，把红、黑表笔接到二极管两电极上，如果表针指示的电阻比较小（通常锗管是 500～2000 欧，硅管是 3000～10000 欧），如图 2–9a 所示；然后把红、黑表笔对换，如果表针指示大于 100000 欧（硅管更大一些），如图 2–9b 所示。这个结果，说明二极管是好的。正向电阻越小，反向电阻越大则二极管的性能越好。

如果测得的反向电阻很小，说明二极管已经失去单向导电作用。如果正、反向电阻都很大，说明二极管已经断路。

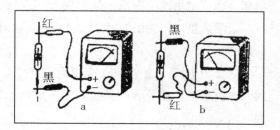

图 2–9　晶体二极管简易测试

从上面测试中，还可以判断出二极管的正负极。由于万能表的黑表笔接表内电池正极，红表笔接表内电池负极，在二极管导通情况下，如图 2–9a 所示，黑表笔接的是二极管的正极，红表笔接的是二极管的负极。

由于二极管的非线性特性，用不同的电阻挡测得的正、反向电阻是不同的。如果自己的电表没有 R×1000 挡，可以用 R×100 挡。利用自己的万能表测出一些质量合格的二极管的正、反向电阻数据以后，就可以同其他二极管相比较，得出正确的结果来。

2. 晶体三极管

（1）晶体三极管的基本特性

晶体三极管简称晶体管，常用字母 BG 表示。晶体三极管是由两个靠得非常近的 PN 结构成的，它有 3 个电极：发射极 e、基极 b 和集电极 c。三极管有 PNP 型和 NPN 型，它们的结构和符号如图 2 – 10 所示。其中基极和发射极形成的 PN 结叫做发射结，基极和集电极形成的 PN 结叫做集电结。

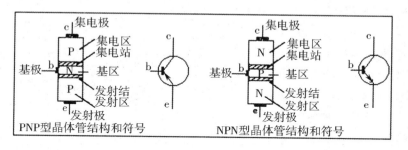

图 2 – 10　晶体三极管的结构和符号

①放大特性

晶体三极管的基本特性是具有放大作用。如果把 PNP 型或者 NPN 型三极管按照图 2 – 11 那样接入电路，发射结加正向电压，集电结加反向电压，就形成了基极电流 I_b、集电极电流 I_c 和发射极电流 I_e。这三个电流的关系是：$I_e = I_b + I_c$，这种关系通常叫作晶体三极管的电流分配。

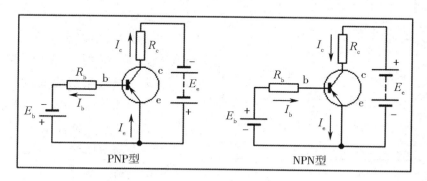

图 2 – 11　晶体三极管的电流分配

如果在基极回路图中串入微安表，在集电极回路中串入毫安表，如图 2 – 12 所示。调节电位器 W，从两个电表的读数可以看到。基极电流 I_c 有微小的变化，集电极电流 I_c 就有较大的变化。这就是三极管的放大作用。比

如：基极电流 I_b 从 0.01 毫安变到 0.02 毫安，集电极电流 I_c 从 1 毫安变到 2 毫安，那么基极电流的变化量 ΔI_b 是 0.01 毫安，集电极电流的变化量 ΔI_c 是 1 毫安。结果集电极电流的变化量 ΔI_c 是基极电流的变化量 ΔI_b 的 100 倍。

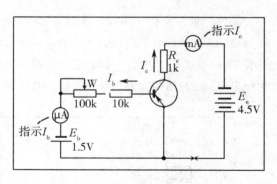

图 2-12　晶体三极管的放大作用

利用晶体三极管的放大作用，可以组成各种各样的放大电路。

晶体三极管还有恒流特性。当三极管的集电极电压 U_{ce} 大于 1 伏以后，集电极电流 I_b 只受基极电流 I_b 控制，同集电极电压 U_{ce} 基本上没有关系。也就是说，确定一个 I_b 就可以得到一个对应的 I_c，即使 U_{ce} 在大范围内变化，I_c 也基本上保持不变，这就是三极管的恒流特性。

②特性曲线

从晶体三极管的输出特性曲线上可以很清楚地看出晶体三极管的放大作用和恒流特性来。图 2-13 是某晶体三极管的输出特性曲线。坐标横轴代表集电极发射极之间的电压 U_{ce}，坐标纵轴代表集电极电流 I_c。每一条曲线表示 I_b 等于一个固定值时，U_{ce} 同 I_c 之间的关系。

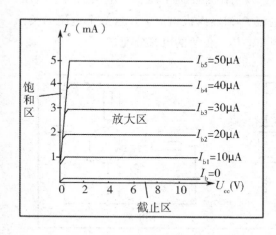

图 2-13　晶体三极管的输出特性曲线

从特性曲线可以看出，当 $I_b = 0$ 时（相当基极开路），I_c 并不等于零。这时的 I_c 值叫做穿透电流 I_{ceo}。$I_b = 0$ 曲线以下部分叫做晶体管的截止区。当 U_{ce} 小时，多条曲线密集在一起，即使 L_b 很大，也得不到对

应的 I_c，密集曲线同纵轴之间的区域叫做晶体管的饱和区。饱和区对应的 U_{ce} 值叫做晶体管的饱和电压 U_{ces}。其他部分有一个 I_b 就对应一个 I_c，叫做晶体管的放大区。晶体管作放大器使用的时候，晶体管应该工作在放大区域内。从两条相邻曲线可以看到基极电流 I_b 的变化量 ΔI_b，可以看到集电极电流 I_c 的变化量 ΔI_c，所以特性曲线可以反映出晶体三极管的放大作用。每一条曲线基本上都是同横轴平行的，说明 I_c 不随 U_{ce} 变化，它反映了晶体管的恒流特性。

（2）晶体三极管的种类

按构成晶体管的材料区分有锗管和硅管；按极性区分，有 PNP 型和 NPN 型；按功率区分，$P_{CM} < 1$ 瓦的叫做小功率管，$P_{CM} \geq 1$ 瓦的叫做大功率管；按工作频率区分，有高频管和低频管，$f_\beta \geq 3$ 兆赫的为高频管，$f_\beta < 3$ 兆赫的为低频管。另外还有一种开关管，已属于高频管的范畴，主要用在开关电路中。

不同特性的三极管可以从构成它们型号的前三个字来区分，如表 2-1 所示。

表 2-1　晶体二极管的型号、极性和特性

型　号	极　性	特　性
3AG	PNP	锗材料，高频小功率管
3AX	PNP	锗材料，低频小功率管
3CG	PNP	硅材料，高频小功率管
3CD	PNP	硅材料，低频大功率管
3AA	PNP	锗材料，高频大功率管
3AD	PNP	锗材料，低频大功率管
3AK	PNP	锗材料，开关管
3DG	NPN	硅材料，高频小功率管
3DX	NPN	硅材料，低频小功率管

型 号	极 性	特 性
3BX	NPN	锗材料，低频小功率管
3DD	NPN	硅材料，低频小功率管
3DA	NPN	硅材料，高频大功率管
3DK	NPN	硅材料，开关管

（3）晶体三极管的偏置电路

为了使三极管的发射结得到正向电压，集电结得到反向电压，而且使用一个源，这就需要给晶体管设置偏置电路。

最简单的偏置电路如图 2 – 14a 所示，它只使用一个偏流电阻 R_b。这种偏置电路的缺点是温度升高的时候集电极电流会有较大变化，也就是热稳定性差。另外，更换不同的晶体管时还须重新调整偏流电阻 R_b。

图 2 – 14b 所示的是采用电流负反馈分压式的偏置电

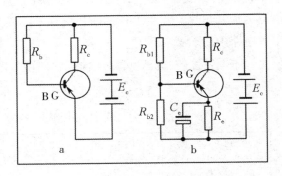

图 2 – 14　晶体三极管的偏置电路

路。R_{b1} 和 R_{b2} 分压提供基极偏置电压，发射极电阻 R_e 起电流负馈作用。当温度变化的时候，集电极电流可以保持基本不变，更换晶体管时一般也不必重新调整偏流电阻。因此这偏置电路使用最广泛。为了不降低对信号电压的放大倍数，在 R_e 上常并联有电容 C_e，称为旁路电容。C_e 的大小同信号频率有关。

（4）晶体三极管的三种基本放大电路

由于输入信号和输出信号的公共端选择不同，在偏置电路的基础上，晶体三极管可以组成三种基本的放大电路，如图 2 – 15 所示。图 2 – 15a 是共发射极电路，信号从基极和发射极输入，从集电极和发射极输出，发射

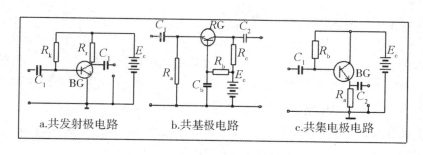

图 2 – 15 晶体三种基本放大电路

极是公共端。这是最常用的放大电路。图 2 – 15b 是共基极电路，信号从发射极和基极输入，从集电极和基极输出，基极公共端。基极是通过电容 C_b 同地相连的。图 2 – 15c 是共集极电路，也叫做射极输出器或射极跟随器。信号从基极和集电极输入，从发射极和集电极输出。从上面所述可以看到，三种放大电路的公共端都是对信号而言的，而偏置电路是相同的，都是给发射结提供正向偏压，给集电结提供反向偏压的。

（5）晶体三极管的主要参数

晶体三极管的参数是用来表示晶体管性能和适用范围的。选用晶体管必须了解它的参数。

①电流放大系数 $\bar{\beta}$ 和 β

晶体管集电极电流 I_c 同基极电流 I_b 的比值叫做共发射极直流电流放大系数，或者叫做静态电流放大系数；常用 $\bar{\beta}$ 表示，在手册中常用 h_{pb} 表示：

$$\bar{\beta}\ (h_{pb})\ = \frac{I_c}{I_b}$$

在分析直流量关系以及大信号计算的时候，常用 $\bar{\beta}$。集电极电流的变化量 $\triangle I_c$ 同基极电流的变化量 ΔI_b 的比值叫做共发射极交流电流放大系数，或者动态电流放大系数，一般用 β 表示（在手册中常用 h_{fe} 表示）：

$$\beta\ (h_{fe})\ = \frac{\Delta I_c}{\Delta I_b}$$

在分析小信号放大器的时候，常用 β 计算。当晶体管输出特性曲线平行、而且间距相等的时候，$\beta \approx \bar{\beta}$。晶体管的 $\bar{\beta}$ 在 20～200 之间。小功率锗三极管，$\bar{\beta}$ 在 40～100 之间比较好；小功率硅三极管，$\bar{\beta}$ 在 80～150 之间比较好。

②集电极基极反向饱和电流 I_{cbo}。

发射极开路，集电极和基极之间加上反向电压时的反向电流叫做集电极基极反向饱和电流 I_{cbo}。I_{cbo} 反映集电结质量的好坏，I_{cbo} 越小越好。在常温下，小功率锗管的 I_{cbo} 一般在几十微安以下，小功率硅管在 1 微安以下。

③集电极发射极反向饱和电流 I_{ceo}

基极开路，集电极和发射极之间加反向电压时的反向电流叫做集电极发射极反向饱和电流 I_{ceo}，也叫做穿透电流。

④共发射极截止频率 f_{BO}

在共发射极电路中，交流电流放大系数 β 随信号频率的增高而减小，当 β 下降到原来的 0.707 倍的时候，对应的频率就是共发射极截止频率 f_{BO}。

⑤特征频率 f_r

在共发射极电路中，当交流电流放大系数随信号频率增高而减小到 1 的时候，对应的频率叫做特征频率 f_r。信号频率等于 f_r 时，晶体管失去了电流放大作用。在实际电路中，f_r 要大于最高信号频率的 3～10 倍。

⑥集电极最大允许电流 I_{CMO}

集电极电流 I_c 过大，$\overline{\beta}$ 就要下降。一般把 $\overline{\beta}$ 下降到额定值的 2/3 时的 I_c 值叫做集电极最大允许电流 I_{CMO}。瞬时超过 I_{CMO}，晶体管不一定损坏，但 $\overline{\beta}$ 严重下降，放大特性已经变差。长期超过 I_{CMO} 使用，会导致晶体管过热，甚至损坏。

⑦集电极基极反向击穿电压 BV_{CBO}

三极管由两个 PN 结构成，当极间电压超过规定值就会击穿，造成损坏。BV_{CBO} 是指发射极开路时集电极和基极间的反向击穿电压。

⑧集电极发射极反向击穿电压 BV_{CEO} 和 BV_{CER}

BV_{CEO} 是指基极开路时集电极发射极间的反向击穿电压，BV_{CER} 是指基极和发射极间接有电阻 R 时集电极发射极间的击穿电压。一般有 $BV_{CEO} < BV_{CBO} < BV_{CER}$。实际使用的时候，各级之间的电压都不能大于规定的击穿电压。

⑨集电极最大允许耗散功率 P_{CMO}

晶体管在工作的时候，一部分功率消耗在集电结上，它使晶体管温度升高。温度高到一定程度，晶体管就会损坏。所以规定了晶体管的集电极

最大允许耗散功率 P_{CMO}。使用的时候，集电极电压 U_{ce} 同集电极电流 I_c 的乘积要小于 P_{CMO}，也就是 $U_{ce} \cdot I_c < P_{CMO}$。为了提高大功率晶体管的 P_{CM}，一般都要给大功率管装上散热片。

（6）晶体三极管的测试

利用万用电表的欧姆挡可以粗略地测量小功率三极管的性能。

估测 $\bar{\beta}$ 和 I_{ceo} 可以照图 2-16 所示进行，万用电表使用 R×1000 或 R×100 挡。如果测量 NPN 型管红黑笔应对调。当开关 K 断开的时候，阻值的大小表示穿透电流 I_{ceo} 的大小。对小功率锗管测出的阻值在几千欧到几十千欧之间，对小功率硅管，测出的阻

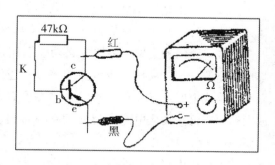

图 2-16　晶体三极管的简易测试

值大于 500 千欧，甚至看不到表针动。如果测得阻值为零，说明晶体管已经击穿。当开关 K 接通的时候，测得电阻值应该明显下降，下降越多说明 $\bar{\beta}$ 越高。可以用已知 $\bar{\beta}$ 的管子对比，估算出待测管 $\bar{\beta}$ 的大小。图中的开关 K 和 47 千欧的电阻可用潮湿的手指捏住集电极和基极代替。

判断管脚，判断 PNP 型和 NPN 型晶体管。把万用电表拨到 R×1000 或 R×100 挡。用黑表笔接晶体管某一管脚，用红表笔分别接其他两脚。如果表针指示的两个阻值都很大，那么黑表笔所接的管脚是 PNP 型管的基极。如果表针指示的两个阻值都很小，那么黑表笔所接的管脚是 NPN 型管的基极。如果表针指示的阻值一个很大，一个很小，那么黑表笔所接的管脚不是基极。这就要另换一个管脚，重复上述测试过程。以上方法不但可以判断出基极，而且可以判断是 PNP 型还是 NPN 型晶体管。

判定基极以后，先假定一个管脚是集电极，另一个管脚是发射极，然后按照前面讲的估测 $\bar{\beta}$ 的方法来估测 $\bar{\beta}$。再反过来，把原先假定的管脚对调一下，再估测一次 $\bar{\beta}$。其中 $\bar{\beta}$ 值大的一次假定是正确的。这就把集电极和发射极也判断出来了。

判定锗管和硅管。利用万用电表 R×1k 挡，测量三极管两个 PN 结正向

电阻和反向电阻，就可以判断出硅管和锗管，硅管 PN 结的正向电阻大约 3 ~ 10 千欧，反向电阻大于 500 千欧；锗管 PN 结的正向电阻大约 500 ~ 2000 欧，反向电阻大于 100 千欧。使用的万用电表不同，测得数值也不同。可以测量一下已知的晶体管，作为比较的标准。

3. 集成电路

集成电路是把晶体管、电阻、电容等元器件，按照电路结构要求，制作在一块硅片上，然后封装而成。常用字母 IC 表示。

集成电路的种类繁多。按电路功能和用途分，有模拟集成电路和数字集成电路两大类。模拟集成电路用来处理连续变化的模拟信号，所以也叫做线性集成电路。常用的线性集成电路有音频放大器、视频放大器、运算放大器等。这些集成电路广泛使用在收音机、录音机、扩音机、电视机以及模拟电子计算机中。

数字集成电路用来处理数字信号（即脉冲信号）。数字集成电路广泛应用于各种数字电路、逻辑电路中。它是构成数字电子计算机的核心部件，是当前使用最多的集成电路。按不同的分类方法，数字集成电路又可以分成以下几种：

按集成度划分，有小规模、中规模、大规模、超大规模四种。电子计算器、电子表中使用的属于大规模集成电路。

按功能划分，有基本逻辑电路，如与非门、或非门等；触发器，如 JK 触发器、D 触发器等；功能部件，如半加器、全加器、译码器、计数器等；还有存储器、微处理器等。

按组成集成电路的半导体类型划分，有单极型集成电路，它是由场效应管组成的集成电路，也叫做 MOS 集成电路；双极型集成电路，它是由晶体管组成的集成电路，主要是 TTL 集成电路。

集成电路的外形大致有 3 种，如图 2 - 17 所示。

图 2 - 17a 是圆形金属外壳封装的，引出线根据内部电路不同有 8 根、10 根、12 根、14 根等多种，线性集成电路采用这种封装形式比较多。图 2 - 17b 是扁平型陶瓷或者塑料外壳封装的，引出线有 14 根、16 根、18 根、24 根、36 根等多种，数字集成电路中有很多采用这种封装形式。图 2 - 17c 是双列直插型的，外壳是陶瓷或者塑料，电极引出线也有 14 根、16 根、18

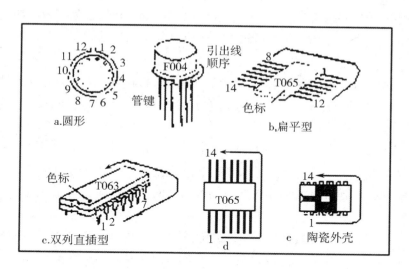

图 2-17　集成电路的外形

根、24 根等多种，数字和线性电路都有采用这种封装形式的。这种封装形式的引线强度比较大，不易折断。集成电路可以直接焊在印刷电路板上，也可以用相应的管脚插座焊装在印刷电路板上，再将集成电路插入插座中，随时插拔，便于试验和维修，因而使用广泛。

集成电路的管脚引线数量虽然不同，但它的排列方式仍是有一定规律的：一般总是从外壳顶部看，按逆时针方向编号的，如图 2-17 箭头所指方向。第一脚位置都有参考标记，比如圆形管座用凸起的键为标记，以键为准，逆时针数第 1、2、3、……脚；扁平型或双列直插型，无论是陶瓷封装还是塑料封装的，一般都有色标或者某种标记，靠近色标的脚就是第 1 脚，然后按逆时针方向数 2、3、4、……脚。

电路图和电路图符号

一、电路图

我们通常把电池、发电机等供电装置叫做电源，把使用电的装置如灯泡、电炉、电动机等叫做用电器，把开关叫做电键，把电线叫做导线。而

由电源、用电器以及导线、电键等组件组成的电流路径，就叫做电路，把它画成图就是电路图。我们谈论电、介绍电子小制作的时候，总是离不开电路图。

要使电路中电流通行无阻（不是说没有"电阻"），电路就必须处处连通。如有某处断开了，电路不再闭合，没有电流了，就不叫通路，而叫断路。

从组件连接方法上说，电路分为串联电路和并联电路。

在电路里几个组件逐个顺次连接起来的方法叫串联，这种电路是串联电路。如几个组件是并列连接在电路两点之间，叫并联，这种电路是并联电路。

在串联电路里，通过各个组件的电流是一样的，而电路的总电压是各个组件两端电压之和，总电阻是各个组件电阻之和。如果有两个灯泡，都是 220 伏、25 瓦，可以串联到 380 伏的电源上使用，因为每个灯泡的电压仅是 190 伏；但这样不如并联接到 220 伏电源上亮。

在并联电路里，各个组件两端的电压都一样，而电路的总电流是通过各个组件的电流之和，但是总电阻要小于每个组件的电阻——因为并联相当于把导线加粗了。

电路图主要由组件符号、连线、结点、注释四大部分组成。

组件符号：表示实际电路中的组件，它的形状与实际的组件不一定相似，甚至完全不一样。但是它一般都表示出了组件的特点，而且引脚的数目都和实际组件保持一致。

连线：表示的是实际电路中的导线，在原理图中虽然是一根线，但在常用的印刷电路板中往往不是线而是各种形状的铜箔块，就像收音机原理图中的许多连线在印刷电路板图中并不一定都是线形的，也可以是一定形状的铜膜。

结点：表示几个组件引脚或几条导线之间相互的连接关系。所有和结点相连的组件引脚、导线，不论数目多少，都是导通的。

注释：在电路图中是十分重要的，电路图中所有的文字都可以归入注释一类。细看以上各图就会发现，在电路图的各个地方都有注释存在，它们被用来说明组件的型号、名称等。

在电子制作中，我们常用的电路图有方框图、原理图和接线图三种。

1. 方框图

在叙述电路工作原理的时候，为了说明整个电路的大致结构包括哪些部分，可以把每一部分用一个方框表示，方框内有文字或者符号说明，各方框之间用线条连接起来，有的还用箭头表示方框之间的输入、输出关系。

方框图只能说明整机的轮廓及类型，看不出电路的具体连接方法，也看不出元器件的型号和数值，就像一篇文章的提纲或段意，有了它使整个电路看起来更有条理，思路更加清楚，也容易记忆。例如四管机是在单管机的基础上增加了一级前置音频放大，一级功率放大，如果用图 2－18 表示就能一目了然。虚线框是单管机部分的方框图。

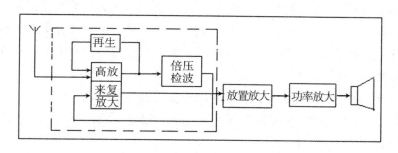

图 2－18　四管机的方框图

2. 原理图

电路原理图也叫电原理图或者电路图。它表明电路的工作原理。在原理图上，用电路符号来表示各种无线电元器件，用直线将各组件连接起来，说明它们之间的联系，在各组件旁边还注明它的代号和数值，元器件的代号和符号国家有统一的标准。元器件之间的连线十字相交，代表两线之间不相接；连线十字相交，并且在相交处画上一个实圆点，代表两线相接，如图 2－19 所示。

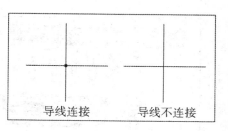

图 2－19　导线连接和不连接

图 2 - 20 是单管机的原理图。图中 R^*、C_2、D_1、L_2 这四个组件的一端连接在一起。而 R^* 的另一端同三极管基极或 L_2 的另一端是不相连接的。原理图表明线圈 L_1 和可变电容器 C_1 组成调谐回路，可以选择电台。L_1 和 L_2 耦合，通过 L_2 把选择的电台信号送到

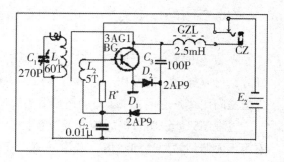

图 2 - 20　单管机的原理图

三极管 BG 的基极，由三极管进行放大，然后经 D_1、D_2 倍压检波，再送回到 BG 的基极进行音频放大（来复放大），音频信号通过高频扼流圈进入耳机，就可以听到广播了。为了提高灵敏度和选择性，把三极管集电极输出的一部分高频信号通过缠绕在输入回路上的导线（相当于一个电容）使输入信号增强，这叫做再生。

要看懂电原理图，必须了解各种元器件的符号和功能，还要掌握一些典型电路的工作原理，并且能够分析各个部分之间的关系。

3. 接线图

接线图又叫做布线图或者安装图。本书凡是采用印刷电路板的都叫做印刷电路板图。在接线图中，元器件可采用实体画法，再用实线画出元器件之间的接线关系，如图 2 - 21a 所示。接线图中的元器件也可用符号表示，元器件间的连线用实线表示，如图 2 - 21b 所示。画印刷电路板或者铆钉板的接线图，一般从板的背面画，组件实际上在板的另外一面。

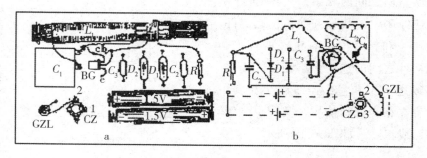

图 2 - 21　单管机的接线图

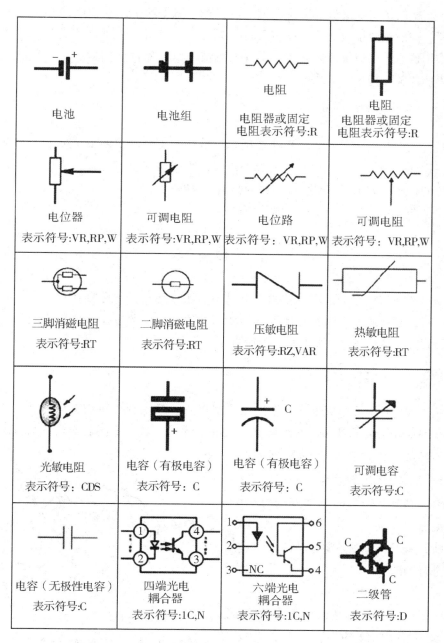

电池	电池组	电阻 电阻器或固定 电阻表示符号:R	电阻 电阻器或固定 电阻表示符号:R
电位器 表示符号:VR,RP,W	可调电阻 表示符号:VR,RP,W	电位路 表示符号：VR,RP,W	可调电阻 表示符号：VR,RP,W
三脚消磁电阻 表示符号:RT	二脚消磁电阻 表示符号:RT	压敏电阻 表示符号:RZ,VAR	热敏电阻 表示符号:RT
光敏电阻 表示符号：CDS	电容（有极电容） 表示符号：C	电容（有极电容） 表示符号：C	可调电容 表示符号:C
电容（无极性电容） 表示符号:C	四端光电 耦合器 表示符号:1C,N	六端光电 耦合器 表示符号:1C,N	二级管 表示符号:D

图 2－22　电路图符号

接线图不仅反映了原理图的电路关系，也反映了元器件的实际安装位置。一般按照接线图就可以装出符合原理图的整机来，所以接线图是很有实用价值的。但是从接线图上不容易看清电路元器件之间的联系，所以它不能代替原理图。

二、电路图符号

人们在设计、安装、修理各种实际电路时需要画出图来，表示电路是怎样连接的。如果把这些实物都画出来，既麻烦又没有必要，所以要用规定的符号来表示电路是怎样连接的，画出电路图。

图 2-22 是几种常见的电路图符号。

导线的连接

导线连接不好，可导致用电器具不能正常运行，线路损耗加大，时间一长，还可能发生断路。连接导线要求导线接头应紧密牢固，接头处的绝缘强度不应低于导线本身的绝缘强度。

一、导线的切剥

导线接头之前应把导线上的绝缘层剥除。除用剥线钳切剥导线外，还必须学会用电工刀或钢丝钳切剥导线的绝缘层。对于不同截面、不同材质的导线，应选用合适的切剥方法。单层绝缘线用斜切剥，多层绝缘线分层剥削，每层的剥削方法与单层绝缘线相同。对绝缘层比较厚的导线，采用斜剥法，即像削铅笔一样进行剥削。

1. 塑料层的切剥

（1）当芯线截面积不超过 4 毫米^2 时，用钢丝钳切剥。其操作方法是：根据线头所需长度，用钳头刀

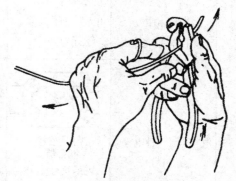

图 2-23　钢丝钳切剥塑料绝缘层

口轻切塑料层（切不可切着芯线），然后右手握住钳子头部用力向外勒去塑料层。与此同时，左手反向用力配合，如图2-23所示。

（2）规格较大的塑料线，可用电工刀进行切剥。具体方法是：根据所需线长，用刀口以45°倾斜角切入塑料绝缘层（切不可入芯线），接着刀面与芯线保持25°左右用力向外削出一条缺口，然后将其余绝缘层向后扳翻剥离，并用电工刀取齐切去，如图2-24所示。

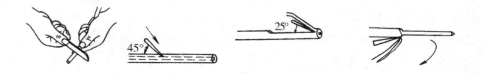

（a）握刀姿势　（b）刀以45°切入　（c）刀以25°倾斜推削　（d）扳翻塑料层并在根部切去

图2-24　钢丝钳切剥塑料绝缘层

2. 塑料护套线的切剥

先用电工刀剥离护套层，具体方法是：根据所需长度用刀尖在线芯缝隙间划开护套层，接着扳翻并用刀口切齐，如图2-25所示。护套线芯线绝缘层的切剥方法如同塑料线的，只不过在绝缘层的切口与护套层的切口间应留有5～10毫米的距离。

（a）　　　　　　　　　　　（b）

图2-25

3. 橡皮线的切剥

先用电工刀尖划开编织保护层，其方法与剥离护套层的相同，然后用切剥塑料线的方法剥去橡胶层，最后松散棉纱层至根部用电工刀切去。

4. 花线的切剥

先用电工刀将棉纱织物的四周切割一圈后拉去，然后按切剥橡皮线的方法进行切剥。

5. 铅包线的切剥

先用电工刀将铅包层切割一刀，然后用双手来回扳动切口处以使铅层沿切口折断并将铅层套拉去，如图 2-26 所示。绝缘层的切剥方法同塑料线的。

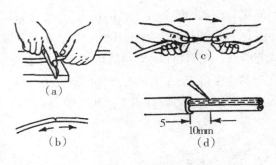

图 2-26　铅包层的剥离方法

二、导线的连接方法

需要连接的导线种类和形式不同，其连接的方法也不同。常用的连接方法有绞合连接、紧压连接、焊接等。

1. 绞合连接

绞合连接是指将需连接导线的芯线直接紧密绞合在一起。铜导线常用绞合连接。

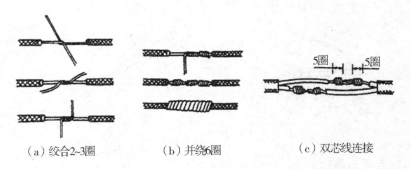

（a）绞合2-3圈　　　（b）并绕6圈　　　（c）双芯线连接

图 2-27　单股铜导线的直接连接

（1）单股铜导线的直接连接

小截面单股铜导线连接方法如图 2-27 所示，先将两导线的芯线线头作

X形交叉，再将它们相互缠绕 2 ~ 3 圈后扳直两线头，接着将每个线头在另一芯线上紧贴密绕 5 ~ 6 圈后剪去多余线头并钳平切口毛刺即可。

大截面单股铜导线连接方法如图 2 - 28 所示，先在两导线的芯线重叠处填入一根相同直径的芯线，再用一根截面约 1.5 毫米^2 的裸铜线在其上紧密缠绕，缠绕长度为导线直径的 10 倍左右，接着将被连接导线的芯线线头分别折回，再将两端的缠绕裸铜线继续缠绕 5 ~ 6 圈后剪去多余线头即可。

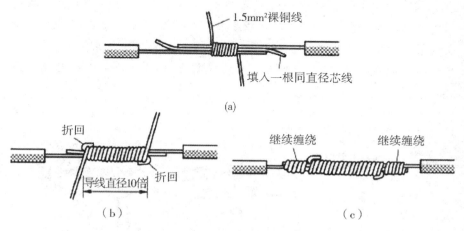

图 2 - 28　大截面单股铜导线的连接

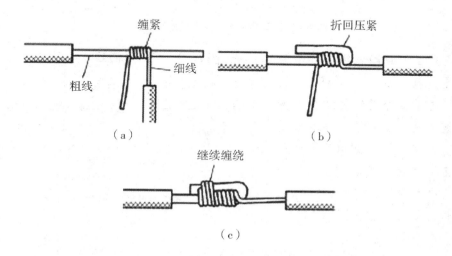

图 2 - 29　不同截面单股铜导线的连接

不同截面单股铜导线连接方法如图2－29所示，先将细导线的芯线在粗导线的芯线上紧密缠绕5～6圈，接着将粗导线芯线的线头折回紧压在缠绕层上，再用细导线芯线在其上继续缠绕3～4圈后剪去多余线头即可。

（2）单股铜导线的分支连接

①单股铜导线的T形分支连接，如图2－30所示，先将支线芯线线头（截面积较小）与干线芯线（截面积较大）作十字相交，使支线留出约3～5毫米根部。当支线截面较小时，将其环绕成结状，再把支线线头抽紧、扳直，然后密缠6～8圈，最后剪去多余芯线并钳平切口毛刺。当支线截面较大时，因绕成结后不易平服，可在十字交叉后直接并绕8圈。

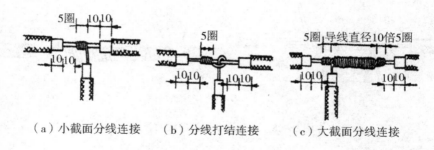

（a）小截面分线连接 （b）分线打结连接 （c）大截面分线连接

图2－30　单股铜导线的T形分支连接

②单股铜导线的十字分支连接，如图2－31所示，将上下支路芯线的线头紧密缠绕在干路芯线上5～8圈后剪去多余线头即可。可以将上下支路芯线的线头向一个方向缠绕，如图2－31（a），也可以向左右两个方向缠绕，如图2－31（b）。

（3）多股铜导线的直接连接

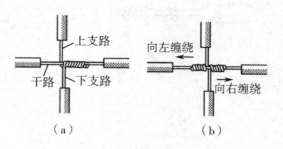

图2－31　单股铜导线的十字分支连接

多股铜导线的直接连接方法如图 2 – 32 所示，首先将剥去绝缘层的多股芯线拉直，将其靠近绝缘层的约 1/3 芯线绞合拧紧，而将其余 2/3 芯线成伞状散开，另一根需连接的导线芯线也如此处理。接着将两伞状芯线相对着互相插入后捏平芯线，然后将每一边的芯线线头分作 3 组，先将某一边的第一组线头翘起并紧密缠绕在芯线上，再将第二组线头翘起并紧密缠绕在芯线上，最后将第三组线头翘起并紧密缠绕在芯线上。以同样方法缠绕另一边的线头。

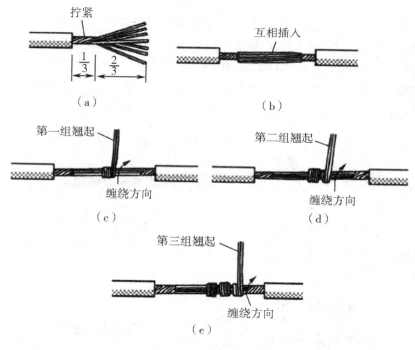

图 2 – 32　多股铜导线的直接连接

（4）多股铜导线的分支连接

多股铜导线的 T 形分支连接有 2 种方法，一种方法如图 2 – 33 所示，将支路芯线 90°折弯后与干路芯线并行，如图 2 – 33（a），然后将线头折回并紧密缠绕在芯线上即可，如图 2 – 33（b）。

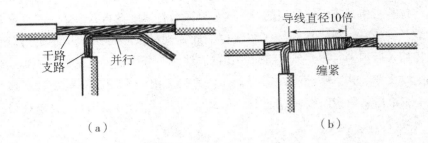

（a）

（b）

图 2-33　多股铜导线的 T 形分支连接（1）

另一种方法如图 2-34 所示，将支路芯线靠近绝缘层的约 1/8 芯线绞合拧紧，其余 7/8 芯线分为 2 组如图 2-34（a），一组插入干路芯线当中，另一组放在干路芯线前面，并朝右边按图 2-34（b）所示方向缠绕 4~5 圈。再将插入干路芯线当中的那一组朝左边按图 2-34（c）所示方向缠绕 4~5 圈，连接好的导线如图 2-34（d）所示。

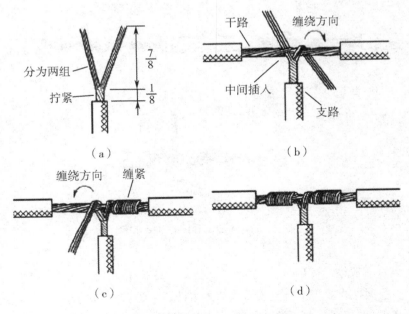

（a）

（b）

（c）

（d）

图 2-34　多股铜导线的 T 形分支连接（2）

（5）单股铜导线与多股铜导线的连接

单股铜导线与多股铜导线的连接方法如图 2-35 所示，先将多股导线的芯线绞合拧紧成单股状，再将其紧密缠绕在单股导线的芯线上 5~8 圈，最后将单股芯线线头折回并压紧在缠绕部位即可。

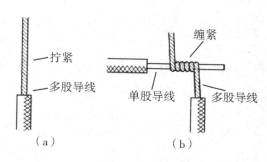

图 2-35　单股铜导线与多股铜导线的连接

（6）同一方向的导线的连接

当需要连接的导线来自同一方向时，可以采用图 2-36 所示的方法。对

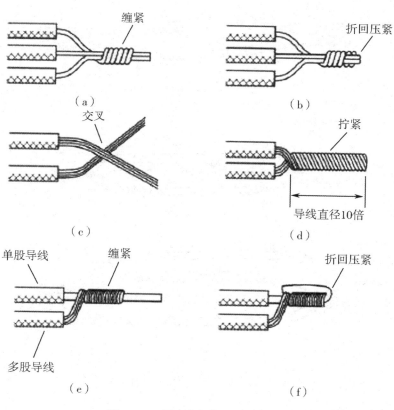

图 2-36　同一方向的导线的连接

于单股导线，可将一根导线的芯线紧密缠绕在其他导线的芯线上，再将其他芯线的线头折回压紧即可。对于多股导线，可将两根导线的芯线互相交叉，然后绞合拧紧即可。对于单股导线与多股导线的连接，可将多股导线的芯线紧密缠绕在单股导线的芯线上，再将单股芯线的线头折回压紧即可。

（7）双芯或多芯电线电缆的连接

双芯护套线、三芯护套线或电缆、多芯电缆在连接时，应注意尽可能将各芯线的连接点互相错开位置，可以更好地防止线间漏电或短路。图2－37（a）所示为双芯护套线的连接情况，图2－37（b）所示为三芯护套线的连接情况，图2－37（c）所示为四芯电力电缆的连接情况。

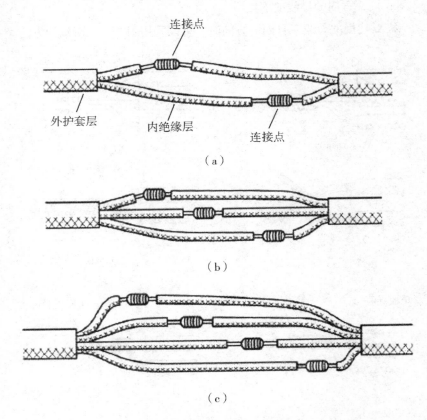

图2－37　双芯或多芯电线电缆的连接

2. 紧压连接

铝导线虽然也可采用绞合连接，但铝芯线的表面极易氧化，日久将造成线路故障，因此铝导线通常采用紧压连接。

紧压连接是指用铜或铝套管套在被连接的芯线上，再用压接钳或压接模具压紧套管使芯线保持连接，压接钳如图2－38所示。铜导线（一般是较粗的铜导线）和铝导线都可以采用紧压连接，铜导线的连接应采用铜套管，铝导线的连接应采用铝套管。紧压连接前应先清除导线芯线表面和压接套管内壁上的氧化层和沾污物，以确保接触良好。

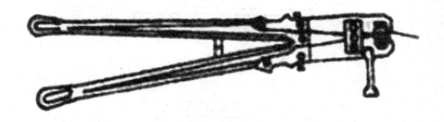

图2－38　压接钳

（1）铜导线或铝导线的紧压连接

压接套管截面有圆形和椭圆形两种，如图2－39圆截面套管内可以穿入1根导线，椭圆截面套管内可以并排穿入2根导线。

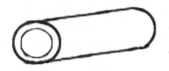 

（a）圆截面　　　　　　　　　　　（b）椭圆截面

图2－39　压接套管

圆截面套管使用时，将需要连接的两根导线的芯线分别从左右两端插入套管相等长度，以保持两根芯线的线头的连接点位于套管内的中间，然

后用压接钳或压接模具压紧套管，一般情况下只要在每端压一个坑即可满足接触电阻的要求。在对机械强度有要求的场合，可在每端压两个坑，对于较粗的导线或机械强度要求较高的场合，可适当增加压坑的数目，如图2-40所示。

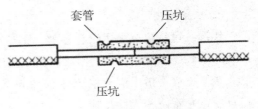

图2-40　圆截面套管的使用

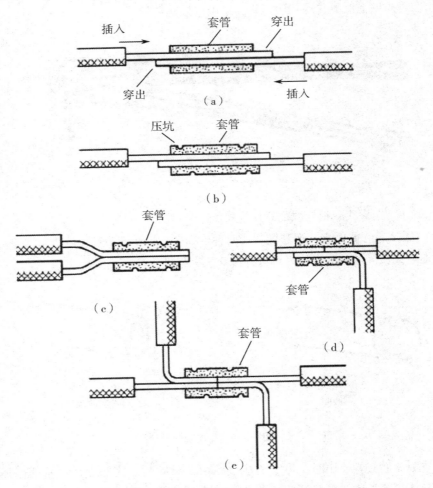

图2-41　椭圆截面套管的使用

椭圆截面套管使用时，将需要连接的两根导线的芯线分别从左右两端相对插入并穿出套管25~35毫米，如图2－41（a）所示；然后压紧套管即可，如图2－41（b）所示。椭圆截面套管不仅可用于导线的直线压接，而且可用于同一方向导线的压接，如图2－41（c）所示；还可用于导线的T形分支压接或十字分支压接，如图2－41（d）和图2－41（e）所示。

（2）铜导线与铝导线之间的紧压连接

当需要将铜导线与铝导线进行连接时，必须采取防止电化腐蚀的措施。因为铜和铝的标准电极电位不一样，如果将铜导线与铝导线直接铰接或压接，在其接触面将发生电化腐蚀，引起接触电阻增大而过热，造成线路故障。常用的防止电化腐蚀的连接方法有两种。

①采用铜铝连接套管。铜铝连接套管的一端是铜质，另一端是铝质，如图2－42（a）所示。使用时将铜导线的芯线插入套管的铜端，将铝导线的芯线插入套管的铝端，然后压紧套管即可，如图2－42（b）所示。

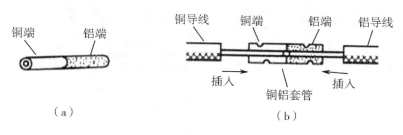

（a）　　　　　　　　　　　　　　　　　（b）

图2－42

②将铜导线镀锡后采用铝套管连接。由于锡与铝的标准电极电位相差较小，在铜与铝之间夹垫一层锡也可以防止电化腐蚀。具体做法是先在铜导线的芯线上镀上一层锡，再将镀锡铜芯线插入铝套管的一端，铝导线的芯线插入该套管的另一端，最后压紧套管即可，如图2－43所示。

3. 焊接

焊接是指将金属（焊锡等焊料或导线本身）熔化融合而使导线连接。

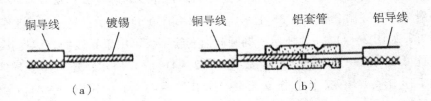

图 2 – 43

电工技术中导线连接的焊接种类有锡焊、电阻焊、电弧焊、气焊、钎焊等。

（1）铜导线接头的锡焊

①较细的铜导线：其接头可用大功率（例如 150 瓦）电烙铁进行焊接。焊接前应先清除铜芯线接头部位的氧化层和沾污物。为增加连接可靠性和机械强度，可将待连接的两根芯线先行绞合，再涂上无酸助焊剂，用电烙铁蘸焊锡进行焊接即可，如图 2 – 44 所示。焊接中应使焊锡充分熔融渗入导线接头缝隙中，焊接完成的接点应牢固光滑。

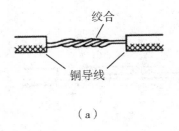

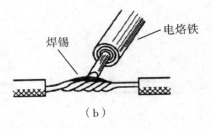

图 2 – 44

②较粗（一般指截面 16 毫米² 以上）的铜导线接头可用浇焊法连接。浇焊前同样应先清除铜芯线接头部位的氧化层和沾污物，涂上无酸助焊剂，并将线头绞合。将焊锡放在化锡锅内加热熔化，当熔化的焊锡表面呈磷黄色时说明锡液已达符合要求的高温，即可进行浇焊。

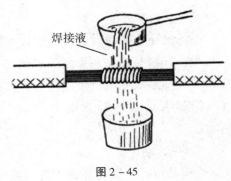

图 2 – 45

64

浇焊时将导线接头置于化锡锅上方，用耐高温勺子盛上锡液从导线接头上面浇下，如图 2–45 所示。刚开始浇焊时因导线接头温度较低，锡液在接头部位不会很好渗入，应反复浇焊，直至完全焊牢为止。浇焊的接头表面也应光洁平滑。

（2）铝导线接头的焊接

铝导线接头的焊接一般采用电阻焊或气焊。电阻焊是指用低电压大电流通过铝导线的连接处，利用其接触电阻产生的高温高热将导线的铝芯线熔接在一起。电阻焊应使用特殊的降压变压器（1 千伏安、初级 220 伏、次级 6～12 伏），配以专用焊钳和碳棒电极，如图 2–46 所示。

气焊是指利用气焊枪的高温火焰，将铝芯线的连接点加热，使待连接的铝芯线相互熔融连接。气焊前应将待连接的铝芯线绞合，或用铝丝或铁丝绑扎固定，如图 2–47 所示。

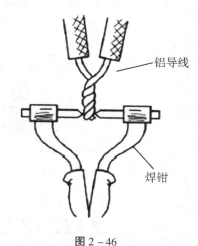

图 2–46

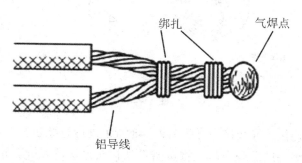

图 2–47

🌱 **三、缠包绝缘带**

为了进行连接，导线连接处的绝缘层已被去除。导线连接完成后，必须对所有绝缘层已被去除的部位进行绝缘处理，以恢复导线的绝缘性能，

恢复后的绝缘强度应不低于导线原有的绝缘强度。

导线连接处的绝缘处理通常采用绝缘胶带进行缠裹包扎。一般电工常用的绝缘带有黄蜡带、涤纶薄膜带、黑胶布带、塑料胶带、橡胶胶带等。绝缘胶带的宽度常用 20 毫米的，使用较为方便。

1. 一般导线接头的绝缘处理

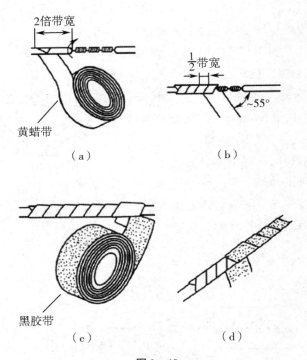

图 2－48

一字形连接的导线接头可按图 2－48 所示进行绝缘处理，先包缠一层黄蜡带，再包缠一层黑胶布带。将黄蜡带从接头左边绝缘完好的绝缘层上开始包缠，包缠 2 圈后进入剥除了绝缘层的芯线部分，如图 2－48（a）。包缠时黄蜡带应与导线成 55°左右倾斜角，每圈压叠带宽的 1/2，如图 2－48（b），直至包缠到接头右边 2 圈距离的完好绝缘层处。

然后将黑胶布带接在黄蜡带的尾端，按另一斜叠方向从右向左包缠，如图 2－48（c）（d），仍每圈压叠带宽的 1/2，直至将黄蜡带完全包缠住。包缠处理中应用力拉紧胶带，注意不可稀疏，更不能露出芯线，以确保绝缘质量和用电安全。对于 220 伏线路，也可不用黄蜡带，只用黑胶布带或塑料胶带包缠 2 层。在潮湿场所，应使用聚氯乙烯绝缘胶带或涤纶绝缘胶带。

2. T 形分支接头的绝缘处理

导线分支接头的绝缘处理基本方法同上，T 形分支接头的包缠方向如图 2 – 49 所示，走一个 T 形来回，使每根导线上都包缠 2 层绝缘胶带，每根导线都应包缠到完好绝缘层的 2 倍胶带宽度处。

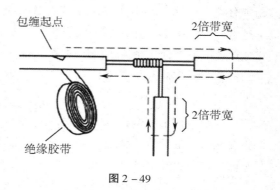

图 2 – 49

3. 十字分支接头的绝缘处理

对导线的十字分支接头进行绝缘处理时，包缠方向如图 2 – 50 所示，走一个十字形地来回，使每根导线上都包缠 2 层绝缘胶带，每根导线也都应包缠到完好绝缘层的 2 倍胶带宽度处。

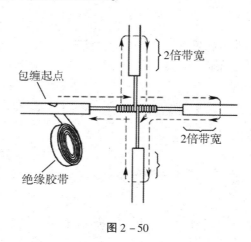

图 2 – 50

保险丝

前面说过电流有热效应，电流通过导体时导体会发热。因此，每条线路都有规定的最大电流强度，超过了电流强度规定值，电流产生的热量就会把电线的绝缘层烧坏，甚至引发火灾。所以，一方面要防止短路，要禁止在照明电路中使用功率大的用电器（如电炉）。另一方面要采取防患于未然的措施，在电流增大到危险程度之前，就自动切断电路。在电路里串联上保险丝就能起到这种作用。

保险丝是用电阻率比较大，受热后容易熔化的铅锑合金制成的。当电流强度超过它的额定电流达到它的熔断电流时，保险丝就迅速熔断，切断了电流，避免电线烧坏。

不同材料、不同粗细的保险丝，有不同的额定电流。所以，选用保险丝时，应该使它的额定电流等于或稍大于电路最大的正常工作电流。如果保险丝的额定电流小于电路最大的正常工作电流，在正常情况也会造成停电事故。

如果过大，就起不到保险作用——所以，不能用铜丝代替保险丝。保险丝通常装在保险盒里，照明电路里的保险盒多是插入式保险盒。保险盒是用陶瓷制成的，可以将盒盖拔下来更换保险丝。

更换保险丝时，先拔下盒盖，把保险丝绕在两端螺钉上，拧紧螺钉，然后把盒盖插入盒座。

闸刀开关的下方，一般也装有保险丝。更换保险丝时，必须先拉开闸刀，切断电源以后再操作。

故障排查

对初学者来说，电子制作不一定一次就能成功，总有个反复过程。因此碰到电路不工作，千万要冷静，不要慌乱。此时既不要埋怨自己，也无需责怪电路，应该集中精力去排查故障。一般，首先检查是否线路有问题，若线路没有问题，则要检测电子组件是否存在故障。

一、线路故障的排查

照明线路的故障主要有 3 种：短路、断路和漏电。

1. 短路

短路是电流没有经过用电器而直接构成回路。造成短路的原因主要有：用电器具的接线不好、接头碰在一起；或用电器具内部损坏，导线碰到它的金属外壳；或不用插头把线头插入插座造成混线；或灯头、开关进水，灯泡螺口松动造成内部短路；或导线绝缘外皮破损、破损处相碰、接触地面，等等。

发生短路时，由于短路电流很大，可以把熔丝烧断，甚至烧坏电线，引起火灾。所以要查明原因，迅速处理。

2. 断路

断路是电路断开，用电器得不到电流。

造成断路的主要原因是：熔丝烧断、线头松脱、断线、开关没接通、电线接头受腐蚀造成不通等。

出现断路，例如一个灯泡不亮，就要检查灯丝、开关、灯头；如几个灯泡都不亮，就要检查保险盒内熔丝是否断了，是否出现短路或过负荷（如使用电炉造成过负荷）。查明原因后，再做处理。

3. 漏电

漏电是电流流到导线外面，人接触漏电的地方，轻则感到发麻，重则发生触电事故。

产生漏电的主要原因是绝缘不良。电线、电气设备长期使用，绝缘层老化变质，或绝缘层受潮、受污染，就会产生漏电。检查是否漏电，要把灯头、开关、插座、电线各处都仔细检查，不可有疏漏。检查时要注意安全以免触电，要用试电笔，不可用手直接触摸。查明原因后，再采取相应措施。

4. 排查

排查线路故障，①检查电路的连线。电路越复杂，连线错误的机会也就越多。要按照电路图反复检查每一根连线和连接点。最好每检查一根连线和一个连接点，都在电路图上作一个记录。特别要注意检查接触不好、

错焊等情况。②检查组件的极性，注意极性方向。对二极管、三极管、电解电容器、集成电路等组件要给予特别的关注，重点检查它们的引脚连接正确与否。③保证电源供电正常。

 二、电子组件的检测

电子组件的检测是电子制作与维修的一项基本功，如何准确有效地检测元器件的相关参数，判断元器件是否正常，不是一件千篇一律的事，必须根据不同的元器件采用不同的方法，从而判断元器件的正常与否。特别对初学者来说，熟练掌握常用元器件的检测方法和经验很有必要，以下对常用电子组件的检测经验和方法进行介绍。

1. 电阻的检测方法与经验

（1）固定电阻的检测

将电表两测棒的金属端（不分正负）分别与电阻的两端接脚相接，即可测出实际电阻值。为了提高测量精度，应根据被测电阻标称值的大小来选择量程。由于欧姆挡刻度的非线性关系，它的中间一段分度较为精细，因此应使指针指示值尽可能落到刻度的中段位置，即全刻度起始的20% ~ 80%弧度范围内，以使测量较准确。根据电阻误差等级不同，读数与标称阻值之间分别允许有±5%、±10%或±20%的误差。如不相符，超出误差范围，则说明该电阻值变值了。

注意：①测试时，特别是在测几十千欧以上阻值的电阻时，手不要触及电表测棒金属端和电阻的导电部分；②被检测的电阻从电路中焊下来，至少要焊开一个头，以免电路中的其他组件对测试产生影响，造成测量误差；③色环电阻的阻值虽然能以色环标志来确定，但在使用时最好还是用万能表测试一下其实际阻值。

（2）可变电阻的检测

检测可变电阻的方法及注意事项与检测普通固定电阻的完全相同。

（3）熔断电阻的检测

在电路中，当熔断电阻熔断开路后，可根据经验作出判断：若发现熔断电阻表面发黑或烧焦，可断定是其负荷过重，通过它的电流超过额定值很多倍所致；如果其表面无任何痕迹而开路，则表明流过的电流刚好等于或稍大于其额定熔断值。对于表面无任何痕迹的熔断电阻好坏的判断，可借助万能表 R×1 挡来测量，为保证测量准确，应将熔断电阻一端从电路上焊下。若测得的阻值为无穷大，则说明此熔断电阻已失效开路。若测得的阻值与标称值相差甚远，表明电阻变值，也不宜再使用。在维修实践中发现，也有少数熔断电阻在电路中被击穿短路的现象，检测时也应予以注意。

（4）电位器的检测

检查电位器时，首先要转动旋柄，看看旋柄转动是否平滑，开关是否灵活，开关通、断时"咔嗒"声是否清脆，并听一听电位器内部接触点和电阻体摩擦的声音，如有"沙沙"声，说明质量不好。用万能表测试时，先根据被测电位器阻值的大小，选择好万能表的合适电阻挡位，然后可按下述方法进行检测。

①用万能表的欧姆挡测"1"、"2"两端，其读数应为电位器的标称阻值。如万能表的指针不动或阻值相差很多，则表明该电位器已损坏。

②检测电位器的活动臂与电阻片的接触是否良好。用万能表的欧姆挡测"1"、"3"（或"2"、"3"）两端，将电位器的转轴按逆时针方向旋至接近"关"的位置，这时电阻值越小越好。再顺时针慢慢旋转轴柄，电阻值应逐渐增大，表头中的指针应平稳移动。当轴柄旋至极端位置"3"时，阻值应接近电位器的标称值。如万能表的指针在电位器的轴柄转动过程中有跳动现象，说明活动触点有接触不良的故障。

（5）正温度系数热敏电阻（PTC）的检测

检测时，用万能表 R×1 挡，具体可分两步操作：

①常温检测（室内温度接近 25℃）：将两电表测棒金属端接触 PTC 热敏电阻的两接脚测出其实际阻值，并与标称阻值相对比，两者相差在 ±2 欧内即为正常。实际阻值若与标称阻值相差过大，则说明其性能不良或已损坏。

②加温检测：在常温测试正常的基础上，即可进行第二步测试——加温检测，将一热源（例如电烙铁）靠近 PTC 热敏电阻对其加热，同时用万能表监测其电阻值是否随温度的升高而增大，如是，说明热敏电阻正常；若阻值无变化，说明其性能变劣，不能继续使用。注意不要使热源与 PTC 热敏电阻靠得过近或直接接触热敏电阻，以防止将其烫坏。

（6）负温度系数热敏电阻（NTC）的检测

测量标称电阻值 R_t——

用万用表测量 NTC 热敏电阻的方法与测量普通固定电阻的方法相同，即根据 NTC 热敏电阻的标称阻值选择合适的电阻挡可直接测出 R_t 的实际值。但因 NTC 热敏电阻对温度很敏感，故测试时应注意以下几点：

①R_t 是生产厂家在环境温度为 25℃时所测得的，所以用万用表测量 R_t 时，亦应在环境温度接近 25℃时进行，以保证测试的可信度。

②测量功率不得超过规定值，以免电流热效应引起测量误差。

③注意正确操作。测试时，不要用手捏住热敏电阻体，以防止人体温度对测试产生影响。

（7）压敏电阻的检测

用万能表的 R×1k 挡测量压敏电阻两接脚之间的正、反向绝缘电阻，均为无穷大，否则，说明漏电流大。若所测电阻很小，说明压敏电阻已损坏，不能使用。

（8）光敏电阻的检测

①用一黑纸片将光敏电阻的透光窗口遮住，此时万用表的指针基本保持不动，阻值接近无穷大。此值越大说明光敏电阻性能越好。若此值很小或接近为零，说明光敏电阻已烧穿损坏，不能再继续使用。

②将一光源对准光敏电阻的透光窗口，此时万用表的指针应有较大幅度的摆动，阻值明显减小。此值越小说明光敏电阻性能越好。若此值很大甚至无穷大，表明光敏电阻内部开路损坏，也不能再继续使用。

③将光敏电阻透光窗口对准入射光线，用小黑纸片在光敏电阻的遮光窗上部晃动，使其间断受光，此时万用表指针应随黑纸片的晃动而左右摆动。如果万用表指针始终停在某一位置不随纸片晃动而摆动，说明光敏电阻的光敏材料已经损坏。

2. 电容器的检测方法与经验

（1）固定电容器的检测

①检测 10 皮法以下的小电容器。对 10 皮法以下的固定电容器进行定性的检查，只能定性地检查其是否有漏电、内部短路或击穿现象。测量时，可选用万用表 R×10k 挡，用两电表测棒金属端分别任意接电容的两个接

脚，阻值应为无穷大。若测出阻值（指针向右摆动）为零，则说明电容漏电损坏或内部击穿。

②检测 10 皮法～0.01 微法固定电容器是否有充电现象，进而判断其好坏。万能表选用 R×1k 挡。两只三极管的 β 值均为 100 以上，且穿透电流要大些。可选用 3DG6 等型号硅三极管组成复合管。万用表的红和黑测棒金属端分别与复合管的发射极 e 和集电极 c 相接。由于复合三极管的放大作用，把被测电容的充放电过程予以放大，使万用表指针摆幅加大，从而便于观察。应注意的是：在测试操作时，特别是在测较小容量的电容时，要反复调换被测电容接脚接触点，才能明显地看到万用表指针的摆动。

③对于 0.01 微法以上的固定电容，可用万用表的 R×10k 挡直接测试电容器有无充电过程以及有无内部短路或漏电，并可根据指针向右摆动的幅度大小估计出电容器的容量。

（2）电解电容器的检测

①因为电解电容的容量较一般固定电容大得多，所以，测量时，应针对不同容量选用合适的量程。根据经验，一般情况下，1～47 微法间的电容，可用 R×1k 挡测量，大于 47 微法的电容可用 R×100 挡测量。

②将万用表红测棒金属端接负极，黑电表测棒金属端接正极，在刚接触的瞬间，万用表指针即向右偏转较大幅度（对于同一电阻挡，容量越大，摆幅越大），接着逐渐向左回转，直到停在某一位置。此时的阻值便是电解电容的正向漏电阻，此值略大于反向漏电阻。实际使用经验表明，电解电容的漏电阻一般应在几百千欧以上，否则，将不能正常工作。在测试中，若正向、反向均无充电的现象，即表针不动，则说明容量消失或内部断路；如果所测阻值很小或为零，说明电容漏电大或已击穿损坏，不能再使用。

③对于正、负极标志不明的电解电容器，可利用上述测量漏电阻的方法加以判别。即先任意测一下漏电阻，记住其大小，然后交换电表金属测棒再测出一个阻值。两次测量中阻值大的那一次便是正向接法，即黑电表测棒接的是正极，红电表测棒接的是负极。

使用万用表电阻挡，采用给电解电容进行正、反向充电的方法，根据指针向右摆动幅度的大小，可估测出电解电容的容量。

（3）可变电容器的检测

①用手轻轻旋动转轴，应感觉十分平滑，不应感觉有时松时紧甚至有卡滞现象。将转轴向前、后、上、下、左、右等各个方向推动时，转轴不应有松动的现象。

②用一只手旋动转轴，另一只手轻摸动片组的外缘，不应感觉有任何松脱现象。转轴与动片之间接触不良的可变电容器，是不能再继续使用的。

③将万用表置于 R×10k 挡，一只手将两根电表测棒金属端分别接可变电容器的动片和定片的引出端，另一只手将转轴缓缓旋动几个来回，万用表指针都应在无穷大位置不动。在旋动转轴的过程中，如果指针有时指向零，说明动片和定片之间存在短路点；如果碰到某一角度，万用表读数不为无穷大而是出现一定阻值，说明可变电容器动片与定片之间存在漏电现象。

3. 电感器、变压器检测方法

（1）色码电感器的检测

将万用表置于 R×1 挡，红、黑电表测棒金属端各接色码电感器的任一引出端，此时指针应向右摆动。根据测出的电阻值大小，可具体分下述两种情况进行鉴别：

①被测色码电感器电阻值为零，其内部有短路性故障。

②被测色码电感器直流电阻值的大小与绕制电感器线圈所用的漆包线线径、绕制圈数有直接关系，只要能测出电阻值，则可认为被测色码电感器是正常的。

（2）中周变压器的检测

①将万用表拨至 R×1 挡，按照中周变压器的各线圈接脚排列规律，逐一检查各线圈的通断情况，进而判断其是否正常。

②检测绝缘性能。将万用表置于 R×10k 挡，做如下几种状态测试：

A. 初级线圈与次级线圈之间的电阻值；

B. 初级线圈与外壳之间的电阻值；

C. 次级线圈与外壳之间的电阻值。

上述测试结果分别出现三种情况：

A. 阻值为无穷大：正常；

B. 阻值为零：有短路性故障；

C. 阻值小于无穷大，但大于零：有漏电性故障。

（3）电源变压器的检测

①通过观察变压器的外貌来检查其是否有明显异常现象。如线圈引线是否断裂、脱焊，绝缘材料是否有烧焦痕迹，铁芯紧固螺丝是否有松动，硅钢片有无锈蚀，线圈线是否有外露等。

②绝缘性测试。用万用表 R×10k 挡分别测量铁芯与初级，初级与各次级、铁芯与各次级、静电屏蔽层与初次级、次级各线圈间的电阻值，万用表指针均应指在无穷大位置不动。否则，说明变压器绝缘性能不良。

③线圈通断的检测。将万用表置于 R×1 挡，测试中，若某个线圈的电阻值为无穷大，则说明此线圈有断路性故障。

④判别初、次级线圈。电源变压器初级接脚和次级接脚一般都是分别从两侧引出的，并且初级线圈多标有"220V"字样，次级线圈则标出额定电压值，如 15V、24V、35V 等。再根据这些标记进行识别。

⑤空载电流的检测。

A. 直接测量法。将次级所有线圈全部开路，把万用表置于交流电流挡（500mA），串入初级线圈。当初级线圈的插头插入 220V 交流市电时，万用表所指示的便是空载电流值。此值不应大于变压器满载电流的 10%～20%。一般常见电子设备电源变压器的正常空载电流应在 100 毫安左右。如果超出太多，则说明变压器有短路性故障。

B. 间接测量法。在变压器的初级线圈中串联一个 10Ω/5W 的电阻，次级仍全部空载。把万用表拨至交流电压挡。加电后，用两电表测棒测出电阻 R 两端的电压降 U，然后用欧姆定律算出空载电流 $I_空$，即 $I_空 = U/R$。

⑥空载电压的检测。将电源变压器的初级接 220 伏市电，用万用表交流电压挡依次测出各线圈的空载电压值（U_{21}、U_{22}、U_{23}、U_{24}）应符合要求值，允许误差范围一般为：高压线圈 ≤ ±10%，低压线圈 ≤ ±5%，带中心抽头的两组对称线圈的电压差应 ≤ ±2%。

一般小功率电源变压器允许温升为 40～50℃，如果所用绝缘材料质量较好，允许温升还可提高。

⑦检测判别各线圈的同名端。在使用电源变压器时，有时为了得到所需的次级电压，可将两个或多个次级线圈串联起来使用。采用串联法使用

电源变压器时，参加串联的各线圈的同名端必须正确连接，不能搞错。否则，变压器不能正常工作。

⑧电源变压器短路性故障的综合检测判别。电源变压器发生短路性故障后的主要症状是发热严重和次级线圈输出电压失常。通常，线圈内部匝间短路点越多，短路电流就越大，而变压器发热就越严重。检测判断电源变压器是否有短路性故障的简单方法是测量空载电流。存在短路故障的变压器，其空载电流值将远大于满载电流的10%。当短路严重时，变压器在空载加电后几十秒钟之内便会迅速发热，用手触摸铁芯会有烫手的感觉。此时不用测量空载电流便可断定变压器有短路点存在。

有的初学者在实验制作中使用新电池，以为电能一定是很充足。岂不知在这之前，由于电路连线错误或不小心，电池的电能已漏光或减少了。电的不足必然使电路不能正常工作。常有这样的情况：你买了质量不是很好的组件，或者通电后不小心造成组件的损坏。此时你必须更换新的组件重新试一试。经过此番努力，电路仍然不能工作，你也不要灰心，可以请教老师来排疑解难。如果经过努力终于找到了电路不工作的原因，你的知识技能也一定有了很大的提高。

第三章 基本电工工具的使用

这部分主要介绍手摇钻、小型电动台钻、试电笔等常用电工工具的使用常识，重点介绍电烙铁及焊接技术。

常用电工工具及其使用

一、螺丝起子（又叫螺丝刀或改锥）

常用的螺丝起子有下列几种：

（1）大型起子：用来拧动粗大的螺丝，如6毫米底板螺丝。

（2）小型起子：它的用途最多。拧动旋钮螺丝、固定印制板螺丝以及各种调节部分的螺丝都要用到它，其刃口宽3毫米。

（3）十字起子：这种起子的刃口是垂直交叉的凸十字形。它在旋转螺钉时，不易向侧面滑脱。它用于旋转螺帽为十字形的螺钉。一般备有3.5毫米和5毫米的各1把就可以了。

（4）自制起子：这种起子可专门用于调节中频变压器和振荡线圈的磁心。市售的起子多用铁磁物质制成，使用这种起子，由于受磁感应影响而不易将磁心调到最适当的位置。若用硬塑料、坚竹条等非铁磁性物质锉制成专门调节磁心用的起子，则可克服上述缺点。

二、钳子

（1）尖嘴钳：它的钳口细长便于弯扭较短线头。常用来夹取小螺丝帽、

绞合硬铜线，也可用中部的尖口剪断导线。还可用它钳住拉簧及电容、电阻等组件的引线，或代替金属镊钳住较大的组件。

（2）斜口钳：用于剪断导线或修剪焊接后多余的线头。要注意勿用它去剪过粗的金属丝，否则容易损坏刀口或使钳头变形。

（3）剥线钳：用来快速剥去导线外面塑料包线的工具。在使用时要注意选好孔径，切勿使刀口剪伤内部的金属芯线。

三、镊子及小刀

（1）镊子：它是焊接不可缺少的工具之一，用它可夹取小组件、小螺丝等细小物品。镊子的弹性要好，松开手后镊子能恢复原状。使用时，最好选用不锈钢的或铝质的镊子。

（2）小刀：用来把元器件的引出线刮干净，或削去导线外面的绝缘物。如果用折断的钢锯条代替刀子刮去绝缘导线的漆皮或刮去元器件线头上的氧化物层，效果也很好。

四、手摇钻及电动小台钻

（1）手摇钻：手摇钻是用来在金属板、木板或印刷电路板上钻孔用的，如图 3-1 所示。在钻孔前，需要先在钻孔处做好标记或用尖头冲子轻轻冲一个小眼，钻孔时钻头先要垂直对准小眼，然后再均匀用力地旋转手柄。被钻物最好用台钳固定，这样可防止被钻物随钻头转动，增加钻孔的精确度。常用手摇钻钻孔直径最大为 6 毫米。

（2）小型电台钻：要精确地对印刷电路板上的复杂线路钻孔，使用手摇钻往往在钻孔时由于把握不稳而使钻孔点发生偏离。若使用电台钻，会大大地提高工作效率和钻孔质量。所以在可能的条件下应备有小型单向 220 伏电台钻，如图 3-2。

图 3-1　手摇钻

使用时要将钻头紧固在三爪钻夹头内，露出的钻头不宜过长。被钻的印刷电路板要用手按牢，下垫一木块，事先调好位置，钻头恰好能穿透电路板为宜，钻孔时要先开电源，使钻头正常转动后，再用手柄操纵钻头下移，穿透印刷电路板。一定要注意安全，万勿使被钻物体松脱而随钻头一起转动。

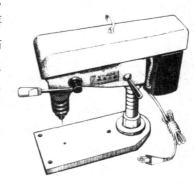

图 3 - 2　小型电台钻

五、桌虎钳和手钢锯

（1）桌虎钳：在进行锯割、锉削、打孔时，用桌虎钳固定物体是很必要的。桌虎钳安装方便，适用于加工小型工件，如图 3 - 3。桌虎钳一般以钳口长度 60 毫米最为适用。

（2）手钢锯：如图 3 - 4 所示，手钢锯常用来锯割小型金属板和电路板。钢锯架有固定式和活动式两种。固定式只能装配 300 毫米长的钢锯条，而活动式的钢锯架可以在 200～300 毫米范围内调节。

在安装锯条时，锯齿尖端应朝前方，锯条的松紧度要合适。锯割时，应直线向前推进，切勿左右晃动，以免锯条折断。使用时，要充分利用锯条的全长，这样可以延长锯条的使用寿命。

图 3 - 3　桌虎钳

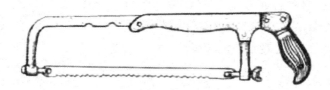

图 3 - 4　手钢锯

电烙铁及其使用

一、电烙铁的种类及结构

（1）电烙铁一般分为外热式（图3-5）和内热式（图3-6）两种。①外热式的电烙铁体积和重量都较大，价格也较高，预热时间较长。②内热式的电烙铁体积小、重量轻、价格便宜，是手工制作爱好者比较欢迎的新型电烙铁。

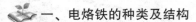

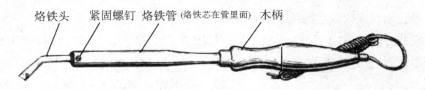

烙铁头　紧固螺钉　烙铁管（烙铁芯在管里面）　木柄

图3-5　外热式电烙铁

按电烙铁消耗的功率区分，有20瓦、25瓦、30瓦、45瓦、75瓦、100瓦等种。在晶体管电路中，1把20瓦内热式电烙铁和1把45~75瓦的外热式电烙铁进行焊接即可满足要求。

（2）内热式与外热式电烙铁在结构上的主要区别，是烙铁芯装的部位不同。内热式的烙铁芯装于烙铁头的里面，它的热效率高，加热较快；而外热式的发热源在外面，烙铁头是装在烙铁管内的烙铁芯内，所以加热较慢且耗散热能较多。

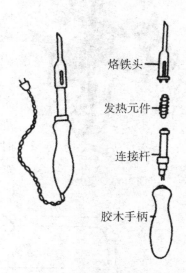

烙铁头

发热元件

连接杆

胶木手柄

二、焊料与焊剂

（1）所谓焊料，就是使两种相同或不同的金属，借烙铁的热量将它们结

图3-6　内热式电烙铁

合起来的一种金属。在使用中，绝大部分是用锡铅合金作为焊料，通常叫做焊锡。它是用约 60% 的锡和 40% 的铅结合而成的。市售的多为焊锡丝，在中间充以松香心。它的熔点较低，凝固较快，附着力较强，使用起来比较简便。

（2）焊剂又叫助焊剂。它的作用是，在焊接处涂上焊剂，以清除金属表面的氧化层和各种污垢，使焊接牢固。

市售焊剂的品种很多，常见的有焊油、氯化锌焊剂和松香。焊油和氯化锌焊剂均带有腐蚀性，使用这种焊剂焊接结束后，应用蘸上酒精的棉团将焊处擦净。采用印刷电路板的收音机不宜使用这种焊剂，而应采用松香作为焊剂，因为它没有腐蚀性。固体松香可以直接使用，也可自制松香溶液使用。配置方法是将松香压成粉末，将 1 份松香放入 4 份酒精中，使其溶解成稀糊状液体，然后置于瓶中。由于这种松香溶液中的酒精易挥发，用后应随时将瓶盖盖紧。

三、电烙铁的使用方法

（1）使用电烙铁时一定要注意安全。使用前，除了要用万用表的电阻挡测量插头两端是否短路或开路外，还要用 R×1k 或 R×10k 挡，测量插头与金属外壳间的阻值。如果万用表的指针不动或阻值大于 2 兆 ~ 3 兆欧，即可使用。否则，要在查出漏电原因并修好后方可使用。对电源引出线破损、木柄松动以及烙铁头松动等现象，均应及时发现予以维修，防止触电或造成短路。

（2）新购的烙铁，在烙铁头上要先镀上一层锡。用锉刀轻轻将烙铁头锉干净，接通电源后，头上涂些松香。待松香冒烟、烙铁头开始能熔化焊锡时，将烙铁头在焊锡处轻轻磨动，使烙铁头镀上一层锡。这样可保护烙铁头不被氧化，焊接时易上锡。对已经被氧化的旧烙铁头，也应按上述方法重新上锡。在使用过程中，应经常将烙铁头沾一下固态松香块，及时清除污垢，以便焊锡长期保留在烙铁头上。

（3）为了让电烙铁头在较长时间内保持一定温度，不至于太凉或太热，以便及时使用，可以按照图 3 - 7 自制一个电烙铁预热装置。将电烙铁插入插座，接上 220 伏交流电源，将单掷开关 K 接通（照明灯被短接），此时，

电烙铁接到220伏电源上，待烧热后即可使用。如暂时不使用烙铁，或断续使用，则可随时将单掷开关 K 断开，用一适当瓦数（如25瓦）的灯泡与电烙铁串联，这样可使电烙铁保持一定温度，而不使其过热。待再使用时，只要将灯泡短接，也就是闭合开关 K，烙铁就马上升温，保证及时使用。

上述方法，由于串入的灯泡发热发光，因而消耗了电能。若用一个耐压1000伏、电流0.5安以上的整流二极管（如2DP4E）代替灯泡，接于图3-7中的 A、B 两端，利用二极管的单向导电性。使交流电只有1/2通过电烙铁，电烙铁功率就降低。这样既避免了过热耗电，又和上述的作用相

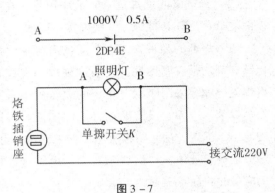

图 3 - 7

同。另外，如使电烙铁架下端与一微动开关相接，提起电烙铁时，微动开关将二极管短路、电烙铁迅速升温，放下电烙铁时，二极管与烙铁串接，使电烙铁保持一定的温度，这样就更加方便。

四、锡焊注意事项

1. 掌握好电烙铁的温度

电烙铁温度的高低，可从电烙铁头和松香接触时的情况来判断。当烙铁头沾上松香后，如果冒出柔顺的白烟，松香向烙铁头曲面上扩展，而又不"吱吱"作响时，那么就是烙铁最好的焊接状态，此时焊出的焊点比较光亮。若松香只是在烙铁头上缓慢熔化发出轻烟，那么即使电烙铁放上锡，但由于温度低，焊点上的锡也会像豆腐渣一样不易焊牢。

2. 清除焊点的污垢

要使锡焊迅速而可靠，光靠松香除去被焊处的氧化物是不行的，必须用砂纸或刮刀将焊线头和接头处刮干净，并预先放上锡。

3. 控制好焊接时间

如果焊接时间太短，焊剂未能充分挥发，在焊锡和金属之间会隔一层

焊剂，焊锡不能将焊点充分覆盖，形成虚焊。如焊接时间过长，则金属上的焊锡容易流动到印制板铜箔上，使焊接点焊锡量不足，也可能造成印刷电路板上铜皮跷起，又易烫坏元器件。焊接一般要在 2～3 秒内完成，如果一次未焊好，停一下再焊。

4. 焊接技术正确

焊接时，不要将烙铁在焊接点上来回移动，或用力下压。应事先选择好烙铁与焊接点的接触位置，然后用烙铁头上的锡面去接触焊接点，这样传热面大，焊接也快。当焊好后拿开烙铁，焊锡也不会立刻凝固。对于体积较大的焊点，应稍停一会，等焊锡凝固后，再撤去夹组件的钳子或镊子，否则会使焊锡凝成砂状，引起假焊或松动，影响焊接质量。

正确的焊接步骤应是：电烙铁头接触松香—吃上锡—用金属镊夹住已刮净上过锡的元器件引脚—用电烙铁头沾锡处接触焊点—不超过 3 秒钟撤去电烙铁使焊锡凝固—最后撤去夹元器件的钳子或镊子。

试电笔与安全用电

一、试电笔的工作原理与使用

试电笔的结构如图 3－8 所示，在塑料笔杆的最前端封装一根金属螺丝刀，笔杆内依次装有一个约 1.5 兆欧的实心圆柱体碳质电阻、氖泡和弹簧，弹簧与笔帽上的金属夹或螺帽相接触。氖泡内充有氖气，内有两个相距很近的电极，电极和氖泡两端的金属分别相接。当氖泡两端加有 60～80 伏的电压时，内部氖气即能导电而发出橘红色的辉光，通过透明的塑料笔体可以明显地看到。

当用手指按着试电笔帽的金属夹，笔尖碰触到被检查的物体时，如果看到氖泡发出辉光，证明物体带电。这是因为物体、试电笔、人体、大地等构成了闭合回路而使氖泡发光。这时，确有电流通过人体，但不必担心，因在试电笔内安装有阻值很大的电阻，所以通过人体的电流很微弱，对人体不会造成伤害。如果自己制作简易试电笔时，一定要选好串联的电阻。绝不能在不串高值电阻的情况下，直接用氖泡去测试带电物体。

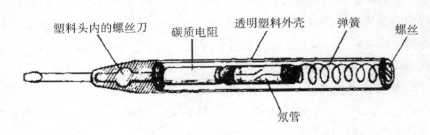

塑料头内的螺丝刀　　碳质电阻　　透明塑料外壳　　弹簧　　螺丝

氖管

图 3 - 8

用试电笔测试带电物体时，如氖泡内电极一端发出辉光，则所测的电是直流电；如氖泡内电极两端都发辉光，则所测电为交流电。氖泡内所发辉光的强度是随所测电压的高低而发生变化的。

二、自制试电笔

当我们知道了试电笔的结构和工作原理以后，就可以动手自己制作了。下面介绍两种试电笔的制作方法，它们与市售试电笔的使用效果相同。

1. 钢笔式测电笔

从商店购买一只交流电压不大于 90 伏、长度为（30 ± 1）毫米的低压氖管，一只功率 0.5 瓦、阻值是 1.5 兆欧的实心碳质电阻或薄膜电阻和一只旧圆珠笔杆或活动铅笔杆，按图 3 - 9 那样串联焊接起来能使其恰好装进笔杆里。

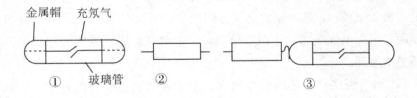

金属帽　　充氖气

玻璃管

① 氖管；② 碳质电阻；③ 氖管与电阻串接

图 3 - 9

焊好以后，先进行一次试验。用手捏住氖气管的一端金属帽，把电阻上的那根铜丝插进电源插座，如果插的孔是火线，则氖管发光；如插进去的是地线则氖管不发光，换另外一个孔再试，则应发光。如都不发光，可能电阻的阻值太大。如果阻值太大，可先用万用表 R×10k 挡测量一下，使阻值逐渐减小再试，直至氖管发光为止。但电阻的阻值不能低于 1 兆欧，不要一下子换得很小。试好后，在笔杆适当位置开个小孔，以便能明显看到里面氖管发光。装好后的试电笔如图 3 – 10。这种自制钢笔式测电笔携带方便，可别在上衣口袋上备用。

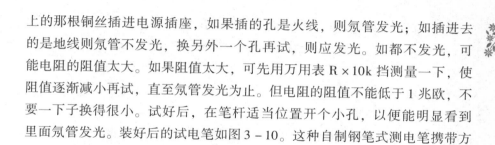

图 3 – 10

2. 利用日光灯启动器改制测电笔

日光灯启动器是由 1 只氖泡和 1 只电容并联，外面罩以圆筒形的铝壳而成的。坏的启动器往往是电容器先烧坏，而氖泡仍然完好。改制时，用刀撬开铝壳边 4 个锁脚，将里面的电容的 2 根引线剪断，去掉不用。将氖泡一根引线从原焊点剪断后弯向上方，先串焊接一个 2.5 兆欧的电阻后再把电阻的另一引脚焊回原胶板的焊点处，如图 3 – 11。在此焊点外胶板的铜接点

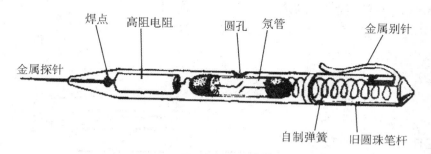

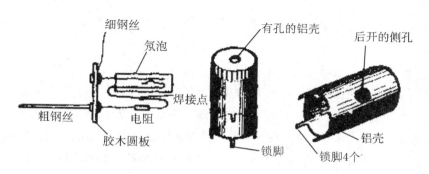

图 3 – 11

上，焊一根约 3 厘米长的粗铜丝作为探针。在氖泡另一端焊出一根细裸铜丝，在把铝筒装回原胶木座上以前，将细裸铜丝在铝筒边缘一个邻近的锁脚上绕几圈，使其接触良好。在铝筒上端或侧壁开一圆孔（如果铝筒上已有圆孔，就不必再开了）。为了安全，铝筒外仍要粘贴一层牛皮纸，牛皮纸上要留出铝孔的位置。

使用时，用手捏住铝壳外的牛皮纸，用管脚上接出的探针去接触电源插孔，如是火线，就能透过小孔看见里面氖泡发出橘红色的辉光。也可用手单击上面的铝壳，加强发光的亮度。

要注意的是串焊在氖泡中的电阻，绝对不能去和氖泡并联，否则会发生电击事故。日光灯启动器中所用的氖泡起检电压约为 135 伏，低于这个电压是测不出的。因此，这种氖泡测电笔对于测 220 伏日用交流电是完全适用的。

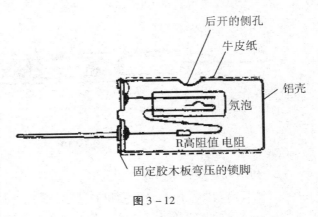

图 3－12

装配好的启动器式测电笔如图 3－12 所示。

以上介绍的都属于低压测电笔，不能用它们去测 500 伏以上的电压。

🌱 三、安全用电

（1）在使用电烙铁焊接元器件时会接触到 220 伏交流电，要避免触电事故发生。

触电时，有电流通过人体。但是，有电流通过人体并不会都发生触电事故。上面讲的试电笔的工作原理中已说明了这个问题。如用两手分别触摸一节干电池的正、负极时，也有电流通过人体，人并没有不舒服的感觉，原因是电流非常弱。1 毫安左右的电流通过人体就会引起麻的感觉。不超过 10 毫安时，触电人自己可以摆脱电源，不致造成事故。超过 30 毫安时，会使人感到剧痛，甚至神经麻痹、呼吸困难，有生命危险。如电流超过 100 毫安，只要很短时间，就会呼吸窒息，心跳停止。电流越强，从触电到死亡的时间越短。

通过人体的电流强度决定于外加电压的高低和人体的电阻。人体的电阻不都一样，同一个人也不是固定不变的。皮肤干燥的时候人体电阻大些，潮湿时小些。所以，绝不可因为某人接触过某一电压没有伤亡，就认为这样的电压对任何人都安全，也不可因为自己接触过某一电压没有出事，就以为这样的电压对自己总是安全的。

实践证明：只有不高于36伏的电压，对人体才是安全的。所以36伏以下是安全电压。

（2）要避免人站在地上触到火线，或站在绝缘体上同时触到火线和地线。

为了安全起见，手枪式电钻最好采用36伏电压。如JIZ—6型单相串激手电钻、额定电压为36伏、190瓦、5.5安、1200转/分、50赫、最大可安装6毫米的钻头，这种电钻是36伏交、直流两用。

（3）了解了触电原因也就知道了安全用电的原则：不随便接触36伏以上的电压，对220伏的电压更要特别小心。要注意以下几点：

①保持绝缘部分干燥。好的绝缘体潮湿了也会漏电，所以要经常保持电工用具和电气设备干燥，不要使它们的绝缘部分受潮，也不要用湿手扳动开关或用湿布擦正常发光的灯泡等电器设备。

②要定期检查，及时维修。电烙铁上的塑料线被烙铁头烫过而露铜线的部分要及时用胶布缠好，松动的电源插头螺钉要及时拧紧。

③一定要使用带绝缘胶把的电工工具。及时用试电笔检查使用的电烙铁外壳是否带电。对所用的电烙铁及电器都应有良好的接地或均采用三孔插座，以确保人身安全。

④电源进线应装有保险装置，配备适当熔断电流的保险丝，一旦发生短路，能迅速自动切断电源，避免伤害事故发生。

万用表的使用

万用表是电子制作必备的仪器之一。晶体管电路的安装、检查和调试，元器件质量好坏的判别，一般都需要万用表作为测量工具。因此，我们必

须熟练掌握万用表的使用方法。

万用表种类很多，但都分为表头和电路两个部分。万用表的表头是一个磁电式直流电流表。通过表内测量电路的变换，分别可测量直流电流、直流电压、交流电压、直流电阻、电容、电感、以分贝为单位的音频电平以及晶体管电流放大倍数等。

一、万用表表盘上的符号

万用表的表盘上标有各种符号，用来表示电表的型号、电流的性质、准确度等级、安放位置、刻度尺等。现以常用的 MF—50 型万用表为例，简述其表盘上各符号所表示的意义。

MF—50 型万用表表盘示意图如图 3 – 13 所示，它占有万用表的左半部。为了叙述方便，其右半部分的挡位转换旋钮另行说明。

MF—50：M 指仪表，F 指复用式，MF 指万用表，50 指型号。

Ω 标度尺：专供测试交流电阻用。

⌒ 标度尺：供测量直流电流、直流电压和交流电压用。

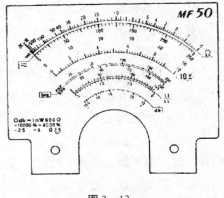

图 3 – 13

10 $\underline{V}$：专供测量 10 伏以下交流电压用。

hFE：表示 PNP 型和 NPN 型晶体管 hFE 的刻度线，可从标度尺上直接读出晶体三极管的电流放大系数。

$\frac{LI}{LV}$ 标度尺：LI 表示通过测试负载的电流，LV 为负载上的电压的刻度线。

dB 标度尺：表示以分贝为单位来测量增益或衰减。

0dB＝1mW600Ω：表示分贝标度尺以 600 欧负载上得到 1 毫瓦功率定为零分贝（它是指在交流 10 $\underline{V}$ 挡时的情况。若用 50 伏交流电压挡测量音频电平时，要加上 14 分贝；用 250 伏交流电压挡测量时，要加上 28 分贝。有的万用表表盘上明确标出，如 MF—9 型）。

—10000Ω/V：表示直流电压灵敏度。测量直流电压时，电表的输入电阻是 10000 欧/伏。Ω/V 数值越大，灵敏度越高。

~4000Ω/V：表示交流电压灵敏度。测量交流电压时，电表的输入电阻是 4000 欧/伏。

—2.5：表示直流电流和电压表的精度等级为 2.5，即基本误差是 ±2.5%（基本误差以标度尺工作部分上量限的万分数表示）。

Ω2.5：表示欧姆表的准确度是标度尺工作部分上量限 2.5%。

~4.0：表示交流电压表的精度等级是 4.0。基本误差是 4.0%（基本误差以标度尺工作部分上量限的百分数表示）。

以上是 MF—50 型万用表表盘上符号的意义。其他型号万用表（如 MF—9 型）表盘上还有：

→⌓⁞：表示磁电式，有机械反作用力。二极管表示整流式。

⌐：表示万能表使用时要水平放置，也有用"→"表示的。

▥：表示三级防外磁场，在 5 奥斯特外磁场下，误差不超过 2.5%。

45～1000Hz：表示应在正弦交流电频率是 45～1000 赫范围内使用。

二、万用表的测量内容

以 MF—50 型万用表为例，说明 8 条刻度尺所测量的内容。

第一条为直流电阻专用刻度。最右端为电阻起始零点刻度，左端为电阻无限大，即红、黑两表笔开路时电流为零，也就是外电阻为无限大。它的表盘刻度不均匀，其数值范围虽然只有一个，但根据量程开关的倍数，可读出多种数值。

电阻挡测量范围为 0—2kΩ—20kΩ—200kΩ—2000kΩ—20000kΩ。表盘右侧的量程转换分 5 挡，分别为 R×1、R×10、R×100、R×1K 和 R×10K。

当量程开关置于 R×10 挡位时，应将此时指针指在刻度尺上的数值乘以 10 后，才是测量出的电阻值（Ω）。例如，用 R×100 挡，指针指到 15，则直流电阻阻值为 $15 \times 100 = 1500\Omega = 1.5k\Omega$。

第二条刻度尺为直流电流、直流电压及交流电压的刻度值。左端为起始零点。

直流电流测量范围有 0—100μA—2.5mA—25mA—250mA—2.5A 各挡。

其中100μA及2.5A另备有2个专用插孔。测量时，将红表笔插在100μA或2.5A插孔内，黑表笔不动。

直流电压测量范围有0—2.5V—10V—50V—250V—1000V五挡位。

交流电压测量范围有0—10V—50V—250V—1000V四个挡位，均可直接读出数值。其中交流10V挡可由第三条专门刻度尺刻度直接读出数值。

第四条与第五条分别是PNP型和NPN型晶体三极管h_{FE}的刻度值，范围为0~200，可直接读出管子的直流放大系数。

第六条和第七条刻度是测试负载电流LI与负载电压LV的刻度尺。

第八条是测试电平分贝（dB）值的刻度线。

三、万用表的基本使用方法

1. 直流电流的测量

（1）测量原理

万用表表头是一个磁电式电流表，因此，可以直接测量很小的直流电流。为了扩大量程，可在表头上分别并联不同阻值的电阻（称为分流电阻），可用转换开关进行多量程的测量。

（2）测量方法

将挡位转换旋钮拨到直流电流的相应量程范围（先置大量程，再改为小量程），然后将被测点的电路断开，将万用表以串联的形式接入电路。红表笔"＋"接电流流入方向，黑表笔"－"接电流流出方向。电表的指针正向偏转，便指示出被测直流电流的数值。

对MF—50型万用表，当使用100μA或2.5A时，选择开关可放在除电阻及h_{FE}挡外的其他任何挡位。但红表笔应插在相应的＋100μA或＋25A的插孔内，所测试的数值读数看第二条刻度线。

测得的读数应按量程挡位及指针所指刻度数折算后读出。当挡位开关放在250mA，表笔插在公用插孔内，此时指针所指的刻度数值就是实测电流读数。例如：指在100，读数就是100毫安。但当红表笔是插在2.5A专用插孔内，此时，指针所指刻度就要以满度为2.5A来折算后得出读数。例如：指在150，电流读数就应是1.5A。因为满刻度为2.5A，整个刻度分为50小格，每1小格为2.5A÷50＝0.05A，现在指到150处，有30小格，所

以应是 $0.05A \times 30 = 1.5A$。测量不同挡位的电流、电压时的读数折算方法与此类似。

2. 直流电压的测量

（1）测量原理

表头是个电流计，由于表头有一定的内阻，电流通过表头会产生一定的电压降。表头本身只能测量很低的直流电压。但根据分压原理，在表头外串联适当的分压电阻后，再跨接到较高的直流电压的两端，表头就不致流过过大的电流，而指针却能适度地偏转作出指示，这就是电压表的测量原理。

（2）测量方法

将转换开关拨到直流电压的相应挡位，然后用红、黑表笔接到被测物体的两端，表针正向偏转。此时，表针指示数即为被测的直流电压数值，可在第二条刻度线上指示。例如：拨到 50V 挡，指针指在 30，读数就是 30 伏。如拨到 2.5V 挡，测量一节干电池的电压，指针指在 150，按前述的方法，经折算后，直流电压应是 1.5 伏。

3. 交流电压的测量

（1）测量原理

万用表的表头本身是直流电流表，因此，交流电压必须经过整流后才能测量。此电路采用的有半波整流和全波整流。

（2）测量方法

测量时，挡位转变旋钮拨在交流电压适当挡位，先接大量程后接小量程，接法与测直流电压相同。由于交流电不分正负，所以红黑表笔可以任意使用。

交流 10V 挡看第三条刻度线。测交流低电压时，由于整流二极管的非线性变化，10V 以下的刻度一般都是不均匀的，低端较密。其他交流电压各挡均看表盘上第二条刻度线。

测量时，①如果误用直流电压挡去测交流电压，则电表指针不发生偏转，只发生抖动。②如果误用交流电压挡去测直流电压时，表针指示数值大约要高 1 倍或表针不动。因此，测量时都不允许拨错挡位。这两点要特别注意。

4. 直流电阻的测量

（1）测量原理

若将被测电阻 R_x 和电源串接在表头电路小，在电流通过时，电表的指针偏转角度由于电流减小而比原来偏转的小。如果将它减小的程度转换成相应的电阻刻度，就构成了欧姆表。测量电阻实质上是测量通过被测电阻 R_x 上的电流。为了提供测量电流，万用表电阻挡内装有电池作为电源，如图 3-14 所示，图中 R 是调 "0" Ω 的可变电阻器。从图中还可看出，红表笔接的是欧姆挡内电池的 "-" 极，而黑表笔是接表内电池的 "+" 极，因此，

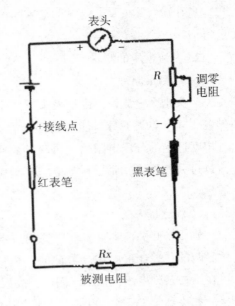

图 3-14

R_x 上的电流是从黑表笔流出，从红表笔流进表内。这在以后用欧姆挡判别晶体二极管的正、负极时是要特别注意的。

（2）测量方法

①测电阻时，挡位转变旋钮拨到电阻挡的适当挡位。在测电阻 R_x 时，首先要调整 "0" Ω，看表盘上第一条刻度尺。每次改换电阻挡量程时，也都应重新调整 "0" Ω，即将红、黑两表笔短接，调 "调零电阻钮" 使指针指示在右端 "0" 位置上。

②要特别注意电阻挡的刻度是不均匀的，读数值时，要求准确读出指针所指处的电阻阻值数。

③为了提高测试的精确度，选择 "Ω" 时，应使指针指示值尽可能指示在刻度右侧 2/3 的范围内。如被测电阻 R_x 约在 2~50 欧之间时，应选择 $R \times 1$ 挡，指针指在 10，就是 10。如果被测电阻 R_x 约是 100 欧，则应选 $R \times 10$ 挡，也使指针指在靠近中央 10 的位置上。其阻值是 10×10 欧 $= 100$ 欧，就不宜选 $R \times 1$ 或 $R \times 100$ 这两挡了。

④测量电阻时，不能用两手同时按到表笔的金属部分和被测电阻两端，

因为那样会造成人体和被测电阻并联，出现误差。

⑤要避免用 $R \times 1$ 挡（电流较大）和 $R \times 10k$ 挡（电压较高，MF—50 型表内电池电压为 15 伏）直接测量普通的小电流和低耐压的晶体管，以免损坏元器件。

5. 负载电流 LI 和负载电压 LV 的测量

（1）测量原理

在测量组件的电阻时，被测组件中流过的电流和它两端存在的端电压，分别简称为负载电流 LI 和负载电压 LV。LI、LV 的表盘刻度实际上是电阻挡的辅助刻度。LI、LV 和 R 之间的关系，根据欧姆定律可写成 $LI = LV / R$。

要想知道 LI 数值，看第六条刻度线；要想知道 LV 的数值，看第七条刻度线，其读数与欧姆挡各档有关，如表 3 - 1 所示。

表 3 - 1　LI 和 LV 读数与欧姆挡各挡的关系

电阻挡	负载电流 LI	负载电压 LV
$R \times 1$	0 ~ 145 毫安	0 ~ 15 伏
$R \times 10$	0 ~ 14.5 毫安	0 ~ 1.5 伏
$R \times 100$	0 ~ 1.45 毫安	0 ~ 1.5 伏
$R \times 1k$	0 ~ 145 微安	0 ~ 1.5 伏
$R \times 10k$	0 ~ 145 微安	0 ~ 1.5 伏

（2）测量方法

先确定使用电阻挡的量程挡次，测出电阻数值，然后对照表 3 - 1 电阻挡相对应的 LI、LV 满度时的电流和电压的数值，在 LI、LV 两刻度尺上，可分别测出指针所指位置的电流与电压的数值。例如：用 $R \times 100$ 电阻挡测出某电阻值是 100，在 LI 刻度上是"75"，在 LV 到度上也是"0.75"，对照表 3 - 1，可读出 LI 为 0.75 毫安，LV 为 0.75 伏。即表示该组件两端电压为 0.75 伏时，其流过的电流是 0.75 毫安。

如果该组件为晶体二极管，测出的阻值为其正向电阻，那么 LI、LV 刻度上测出的数值，即为该二极管在此点的电压、电流值。

四、万用表的使用注意事项

（1）调"零点"。在使用万用表前，先要看指针是否指在左端"零位"上。如果指针不是准确地指在表盘刻度尺的零点，则应用小改锥慢慢旋动表壳中央的"起点零位"校正螺丝，使指针指在零位上。

（2）万用表使用时应水平放置。

（3）使用万用表测试前要确定测量的内容，要将量程转换按钮旋到所要测试的相应挡位上，绝不能用电流挡或电阻挡测量电压，以免烧毁表头。如果事先不知道要测物理量的大小，要先从大量程开始试测，逐步确定合适的量程挡次。量程转换旋钮在万用表表壳面上的右半部分。

例如：要测 220 伏交流电压，应将旋钮拨至交流 250 伏挡。

红表笔要插入正极（＋）插口，黑表笔要插入负极（－）插口。

（4）在测试过程中，不要任意旋转挡位变换旋钮。需要改换时，应先断开表外电路，经改变挡位后，再次进行测试，以避免拨错挡位损坏电表。

（5）在使用完毕后，一定要将万用表挡位变换旋钮调到交流电压挡的最大量程挡位上，避免由于不慎用来测量其他内容（如交流 220 伏）时将电表烧毁。

第四章　印刷电路板的制作

小型晶体管收音机及电子电路中多采用印刷电路。电子爱好者在经过一阶段实践后，往往需要自己设计、制作印刷电路。本章就这个问题的有关方面进行简要介绍。

印刷电路板的结构与选用

所谓印刷电路，是指在平的或其他形状的介质底板上，敷上无线电设备的装配线路。

平面的印刷电路板，底板厚度一般是 1～1.5 毫米，底板材料是具有一定机械强度的介质板、酚醛纸板、环氧板等。

印刷电路的基板一般是已经敷上单面或双面铜箔的层压板。市场上可以购买到成品及处理的印刷电路基板。常见的有层压纸板和环氧树脂层压板两种。在一般电子线路中可采用纸层压板；但在高额或超高额电路中，应采用环氧树脂板。

印刷电路是一种先进的工艺，越来越普遍地被应用在各种电子设备中，它所以如此被广泛地采用，主要有以下优点：

（1）所有组件都能牢固地装配和焊接在印刷电路板上，对振动和冲击比用导线安装的电路承受力强。

（2）装配工序简化，可大大减少连接差错。

（3）组件分布均匀合理，体积明显减小。因此电路的参数变化很小，性能比较稳定。

（4）适用于自动化浸焊，为大量生产提供了有利条件。

印刷电路板的设计

 一、印刷电路板的设计原则

（1）首先要选好电子设备用的机壳，确定印制板的规格和尺寸。

（2）元、器件安放的位置要根据所选机壳及电路的需要确定。如制作收音机时，电位器和调谐电容器要靠近机壳边，使其旋钮恰好能伸出机壳外。磁性天线应置于机壳上端水平方向。电池位置要紧靠机壳的下部，以便增加其稳度。

（3）元、器件安排要使其不互相干扰，如磁棒应尽量远离扬声器，输入、输出变压器要互相垂直，各元器件既要安排得紧凑，又要有适当距离。

（4）元、器件应安装在无铜箔的一面，并使元、器件间的连接铜箔尽可能不交叉。

 二、印刷电路板的设计方法

（1）先选用一张白纸（与板大小相同），根据电路图中的主要组件，在纸上画出排列位置，再将其他元器件安放在这些主要组件的周围，然后用铅笔将这些元器件按电路图连接，不断进行修改，直至不使连接的线路发生交叉且合理为止。

（2）要根据选用元器件的大小，按尺寸确定其钻孔的位置，使所有组件符合设计原则的要求。经多次核实无误后，确定方案，准备往印刷电路板上绘图。

印刷电路的描绘

 一、印刷电路的描绘方法

（1）根据设计在白纸上的印刷电路图，在双面复写纸上再画一次。在白纸背面即得到所需绘制的印刷电路图了。在描图前，用去污粉轻轻将铜箔去污，然后再用复写纸把电路描绘到印制板有铜箔的一面上。

（2）将绘制（复写上的）在铜箔上的电路与各元器件的实际尺寸（可用实物）逐个核对位置和孔距，为描图做好充分准备。

（3）在基板上描图可以用小楷毛笔或鸭嘴笔蘸上调好的油漆细心描绘。此法质量虽好，但油漆易干而要现用现配，比较麻烦。描好后，还要等油漆干后才能腐蚀。

可以用记号笔（市上有售）直接在敷铜板上描绘。记号笔描制后的墨迹干得快，而且耐水。对于较细的线条就要使用细尖的记号笔，因而要同时准备几支不同粗细的笔备用。记号笔液极易挥发，用后要插紧笔套。

简单易行的方法是将松香末溶于小瓶中的无水酒精中，再滴数滴紫药水，使之变为紫色，然后用鸭嘴笔或细毛笔蘸水绘出粗细不同的线条。用此法绘图线条鲜明，描好的线路易干，描图液配制简易、造价低廉。

二、描图要求

不论采用哪种方法描图都要求描出的线条光洁，点要圆滑，线与线间的距离最好不要小于 1 毫米，点的直径应不小于 2 毫米，以便于在钻孔后，点的边缘仍有 0.5 毫米的铜箔，而利焊接组件。

印刷电路板的腐蚀与钻孔

一、腐蚀

（1）可到化工商店买一瓶三氯化铁（注意其有腐蚀性，避免溅在衣服上或皮肤上），准备做腐蚀电路板的铜箔用。如果商店没有，也可以用下述简便方法自行配制：

把铁皮放入盐酸溶液里搅动几分钟，即生成三氯化铁溶液。

其反应方程是

$$Fe_2O_3 + 6HCl = 2FeCl_3 + 3H_2O$$

根据计算和实验结果，用 1 克的铁皮和 4 毫升 37% 的盐酸，即可配制成较理想的三氯化铁溶液。

（2）在适当大小的玻璃烧杯或瓷盘中，倒入能浸没印刷电路板的适量的三氯化铁溶液（35%三氯化铁和65%水的溶液），将其稍微加热至40℃左右（最高不宜超过50℃，可先将盛液的烧杯用酒精灯在铁架台上加热后再倒入容器中），然后在电路板上钻小孔，用塑料导线穿过并系住，使线路板斜放在三氯化铁溶液中，用手提着导线使电路板上下运动，使溶液发生流动，以加速其腐蚀速度。

（3）腐蚀是从印制板边缘开始到中央，即是从有线条和有点的地方四周边缘逐渐腐蚀的。腐蚀的时间最好能短些、快些，避免描漆的线条边缘被溶液浸入，使线路造成锯齿形，要随时注意其腐蚀的进度。当未涂漆的部分都已被腐蚀掉时，应立即取出印制板，用清水冲洗，待干后再用细砂纸轻轻擦去原来所描的电路图上的漆（也可将板置于热水中数分钟，用废锯条平直的边将漆刮去，效果很好）。如采用松香酒精描图液，洗净后可用棉团蘸酒精将紫色线路擦去。

（4）印刷电路腐蚀好后，可在有铜箔一面涂一层松香酒精溶液，待酒精挥发后，板上留下一层松香，既可助焊，又能防潮、防腐。

二、钻孔术

钻孔可在印刷电路腐蚀过程完成后进行，也可在未描图前进行，各有利弊，可根据具体情况进行安排。

（1）如先腐蚀好印刷电路，最后钻孔，对已描好的点（即元器件插入孔），容易钻偏。尤其使用手摇钻，易将独立的铜箔撬松。因此，钻要拿稳，电路板要用台钳固定。如使用小型电台钻时，电路板要用手按紧，其效果比用手摇钻要好得多。

（2）可根据设计好的电路图，先进行钻孔。这样，在整体铜箔板上钻孔可提高速度，即使钻孔有些偏差，在描图时也可适当进行调整。但钻孔位置要准确，以免像中频变压器等组件的底脚不易插进，可在钻孔过程中随时用实物核对位置，及时纠正偏差。钻孔完毕后再进行描图、腐蚀。

线路设计、精心描图、准确钻孔、腐蚀整形等一系列步骤均已完成后，一块自己设计制作的印刷电路板就做好了。

第五章 工具仪器类电子制作范例

这里介绍的工具类电子小制作主要是一些能够让日常的生活、工作和学习更加方便的工具，其中有一些还是制作电子作品的实用工具。

简易电动机

小到电动玩具车，大到工厂的机床，几乎都是电动机带动的。但是，电动机是怎样转动起来的呢？这里介绍的是一个用简单材料制作的简易电动机，通过完成这个小制作，会帮助你了解电动机的原理。

选取一块五合板或者厚度为6毫米左右的木板，作为电动机的底板。再用一段自行车辐条做转轴。

截取一段长1.5厘米的废圆珠笔芯套在转轴上。

用薄塑料板或厚纸板按照图5-1制成挡板，套在转轴两端组成转子线圈的骨架。

把直径0.4毫米左右的漆包线在骨架上绕50～60匝制成转子线圈。

在转轴的一端绕上几层绝缘胶带做成圆形的换向器骨架。

找点薄铜片或铁皮按照上图制成2个半环，用细线将两个铜半环绑扎在换向器骨架

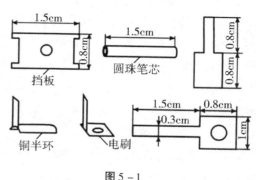

图 5-1

上。将转子线圈的两个线头刮去漆皮焊接在铜半环的接线片上，就制成了电动机的转子。

再用薄铜片或铁皮，照图5－1所示的尺寸制成两个电刷，连同直径1.3毫米的裸铜线弯成的接线端子一起钉在底板上。

把直径1.3毫米的裸铜线弯成下成如图5－2所示的转子支架，并用小钉钉在底板上。

将马蹄形磁铁放置在底板上使转子线圈位于磁铁两极间。将转子放置在支架上，使电刷与换向器接触良好，如图5－2所示。这样，简易电动机就做好了。接通电源后，转子就会连续转动。改变磁场方向或电流方向时，转动方向也会改变。当磁铁向远离转子的方向移动时，转子的转速变慢。

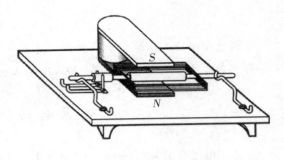

图 5－2

电烙铁温控搁架

在制作电子组件时，常会遇到把电烙铁暂时搁置一下的情况，有时甚至需要停用一段时间。如让它一直插在电源上，显然会影响烙铁的寿命。同时，因烙铁温度升得过高，会使烙铁头发生"烧刹"现象——沾锡的烙铁头烧得发黑不能再沾锡。为了让它恢复沾锡能力，就得等它冷却后重新插上电源，加热到可熔锡时，用锉刀把烙铁头子上的积锡锉光，并沾上松香，再用焊锡在已锉光的烙铁头部来回摩擦后，才能沾上焊锡进行焊接。

这里介绍的"电烙铁温控搁架"能够使电烙铁在暂时停用时温度降低到正好能使焊锡熔化，需要使用时又能恢复到较高温度，既有利于延长电烙铁使用寿命，又有利于提高工作效率。

图5－3是电烙铁温控搁架的线路图。A、B接电烙铁插头。K_1、K_2是联动开关，K_1打开时K_2合上，K_2打开时K_1合上，K_1、K_2由一套杠杆机构

一学就会的电子制作

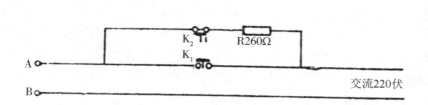

图 5 - 3

控制，利用电烙铁自身的重量，通过杠杆使 K_1 切断，K_2 合上。这时电源 220 伏电压不能直接加于电烙铁，必须经过 260 欧姆的电阻后，才能达到电烙铁，以致降低了电烙铁接受的电压，使烙铁处于较低的温度之中。这里的 260 欧是个参考数，由于所使用的烙铁规格不同，与 K_2 串在一起的电阻值也相应地不同。

图 5 - 4 是温控搁架的具体结构。图中，1 是杠杆，它由一根截面为长方形的木杆做成，在它的上面用螺钉固定着两个铁皮做的搁架，铁皮厚约 1 毫米，中间弯成圆弧形。杠杆 1 的下面固定着一个 T 形铁片，也是用 1 毫米厚的铁片弯折成的，两水平边用螺钉固定在木杆底部。垂直片上钻一直径 3 毫米的小孔，以螺杆为轴，穿在固定于木盒底板上的支架 2 的两孔内。支架 2 也用 1 毫米厚的铁片弯折而成。杠杆 1 的左端旋入一个洋眼，挂着一根拉簧，拉簧另一端挂在木盒底板端部的洋眼上。3 是一只旋在木盒顶盖上的螺

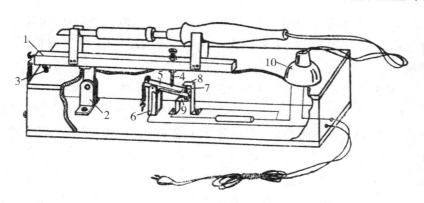

图 5 - 4

钉，调节它的高度，使杠杆保持水平位置。4是一螺杆，旋转螺母，可升高或降下，它的下端靠着小杠杆5。5也是一根木条，可绕木制支架6上的小轴转动。5的左端也由弹簧拉着。5的右端固定着一根小螺栓7。8是一铜片或铁片，9也是一铜片或铁片，都用螺钉固定在底板上，10是烙铁插头的插座。导线按照图5－3所示的线路图连接。

未搁上烙铁时，杠杆1、5都保持水平，螺杆4的头部与5脱离。螺杆7头部压在铜片8上，另一头脱离9。这时，电流经连接7的导线，流入8，再流入烙铁插座而进入烙铁，因此烙铁直接得到220伏电压，处于工作状态。

暂时不用时，将烙铁搁于搁架上，由于烙铁的重心在杠杆1的支轴右侧，杠杆绕轴向下转动，通过4，迫使杠杆5也向下转动，从而使7与8脱离并与9接触，这时，从电源流入的电流不再直接流入电烙铁，而是经过7、9和电阻才流入电烙铁内的电热丝，因此只能得到一部分的电源电压，处于较低的温度中。

你可以根据自己所用的烙铁尺寸，设计制作该装置的合理尺寸。在制作中应注意：各导线之间要保持绝缘，确保制造和使用过程中的安全。

热　锯

随着塑料制品的日益发展，相应也出现了各种加工塑料的用具。"热锯"就是其中之一，它主要用来加工泡沫塑料，快速割成我们所需的形状。

"热锯"的外形如图5－5所示，它由锯架、手柄、电热丝等组成。

1是截面呈长方形的木条，其截面积为10毫米×15毫米，长约150毫米；2是弯折成直角的铁片，铁片厚1.5毫米，两条折边的长度分别为30毫米和20毫米；3与2的材料相同，弯折成一边长70毫米，另一边长20毫米，在20毫米长的一边，打两个小孔，用木螺钉将它们固定在木条两端。

找一段长约80毫米、内径20毫米的竹管，在离一端30毫米处，削成两平行的开口，具体尺寸如图5－5所示。用木螺钉将此竹管固定在木条1的右端，做成手柄4。

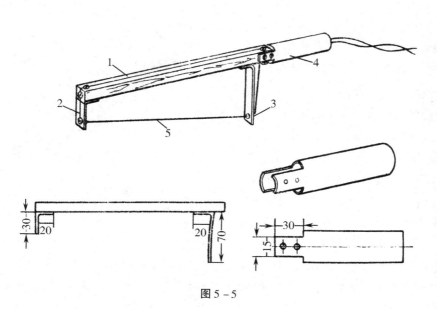

图 5 - 5

5 是细电热丝，两端加上 12～24 伏电压即能红热，比 2 与 3 之间的距离略长一些。

将包有塑料皮的双股导线由竹管右端穿入，再从竹管左端与木条的间隙穿出，分别与电热丝的两端相连接。为了减少热量经过铁片的散失，可以将铁片上的孔锉大，把一段细玻璃管外面包层薄胶布后塞入孔内。为了绷紧电热丝，可在木条端面和背部旋入几只小螺钉，把与电热丝连接的导线绕在螺钉上，再被螺钉压紧。

接通电源，电热丝很快变热，利用这种"热锯"可以很方便地截割泡沫塑料块。如果没有现成的电热丝，也可用细的钢丝代用，但通电时间不宜过长。

针形电热切割器

如果电烙铁坏了就不能再作为焊接工具了，只好扔掉。其实，把用坏了的 50 瓦电烙铁改制成针形电热切割器，也就是前面讲的热锯，可以在其他小制作中继续大显身手！

如图 5 - 6 所示，把断了焊头的 50 瓦电烙铁套管用锉刀锉平，在正中间打个插针小孔，找一个大号缝衣针插入电烙铁瓷管壁并夹紧。缝衣针尖从电烙铁焊头套管针孔处穿出，然后在电源插头处安上防触电垫片。

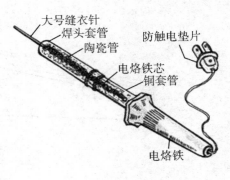

图 5 - 6

使用时，接通电源，几分钟后热量传到大号缝衣针上。就能随意切割 0.5 厘米厚泡沫塑料板上的字或图案。

这个针形电热切割器是切割泡沫塑料的一个好工具。插头加了防触电垫片，使用安全；电源改用交流电，减少电池消耗，经济实用。如果进一步改进成自动控温型，采用导热均匀、硬度适中、长度在 6.5 厘米金属针或小刀片做切割头，便可切割 5 厘米以上厚度的泡沫塑料板，操作方便，工作效率更高。

泡沫切割弓锯

泡沫胶片有许多用途。它常常被切割成各种商品图案来陈列；有时，它又被剪裁成为各种动物的形状，并染上各种色彩，以吸引人们的注目，这些泡沫胶片的切割、裁剪，不是用刀剪等工具来完成，而是用电热来处理的。

这里要介绍一个专门用来切割泡沫胶片的弓锯，如图 5 - 7 所示。所谓弓锯，是指它的形状有如一把弓那样。弓锯的特点，是有较大的空间以便能切面积较大的平面对象。只是这个弓锯不是用锯片，而是

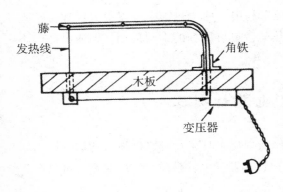

图 5 - 7

使用发热线来切割。

在图 5-7 中可以看到，弓锯的弓是由一根藤弯曲而成的，之所以用藤的原因，是它具有一定的弹性，另外，当发热线在接上了电源而产生热量之后，由于金属热膨胀而会使长度变长，这样切割出来的胶片的边缘就呈现凹凸不平的样子，不够美观。使用了藤，它就会在发热线伸长的时候自动地把它拉紧。可以到专门出售藤料的店铺去购买藤，它是论长短、粗度来议价的，买一小段够用即可。但是太短的可能不易买到，必要时可以买稍长的，回来后再将多余的锯去。这里介绍的弓锯最好使用直径约 2.5 厘米，长度约 53 厘米的藤泡沫切割弓锯制作。

藤条买回来之后，按所需长度锯好，再把要屈曲的部分放到火上加以烘烤，一边烘一边弯曲，直到如图 5-7 的样子为止。注意藤条不要过分靠近火，以免烧焦。因此，这项工作需要耐心及慢慢地进行，切忌过急。

锯台是一块约 1.5 厘米厚的木板，它在前、后两端各开出一个洞，如图 5-8。前方的一个较小，它是用来让发热线穿过的，因此直径有 1 厘米左右就可以。后方的一个口径较大，它以能恰好容纳藤条嵌进去为度。藤条套进去之后再

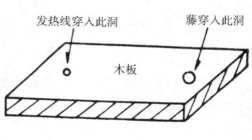

图 5-8

用两块约 1.5 厘米宽的小角铁及加用铁钉钉牢——分别钉在藤条及锯台上，使藤条有足够的牢固程度，如图 5-9。

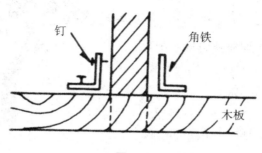

图 5-9

发热线是一小段电炉发热线，它可以到电器材料店购买功率最低的，如 250 瓦或 400 瓦的电风筒用的发热线。把它拉直并剪取适当的长度。发热线的固定是靠于藤条末端和锯台下的两颗螺丝来实现的。发热线的两端各接到一个电铃变压器的 3 伏接线柱。

图 5－10 是变压器和发热线的接线方法，图中还加入了一个电源开关，以方便于使用。如果发热线有发红现象，这是电压过高或发热线过短造成的，应作相应更改，比较可行的办法是加长发热线。发热线应保持发热而不发红。另外，它在固定时应该恰好拉到伸直但又不致太紧。

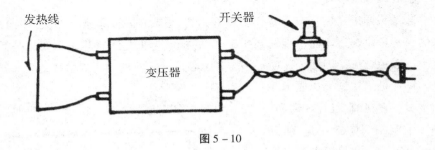

图 5－10

由于变压器装在锯台底部，故还应装两块侧板在锯台底，才能安放得稳固，如图 5－7 所示。

迷你电钻

这里介绍的是一个用小电动机来制作的迷你型电钻。它对一般塑料、印刷线路板，甚至木板都可以进行加工。由于它主要是面对使用直径在 5 毫米以下的钻头而设计的，因此它更适宜用作比较小巧的加工。

图 5－11 是这个小电钻做好后的外貌。图中，1 是用木板削成的手柄，木板的厚度最好是不低于 3/4

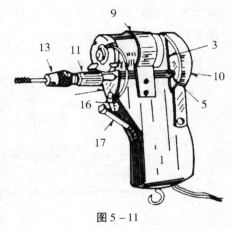

图 5－11

英寸（约合 1.9 厘米）。9 是由铝片制成的电动机 U 型固定片，和电动机相接的部分应弯成圆形，以便能和电动机尽可能地贴紧。因此，要根据电动机的样子来进行加工。10 的样子和 9 差不多但稍大一些，它是用来保护电动机和轴心上所附的齿轮。

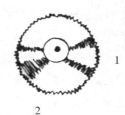

图 5 – 12

齿轮的作用是在于减速。对于小型电动机来说，用来作电钻用途一定要进行减速，因为小电动机的动力不大，若直接带动钻头，必然会出现动力不足的情形。通过齿轮减速之后，就可以解决问题。齿轮共有两个，如图 5 – 12 所示，可以从玩具汽车上拆下来使用，齿轮的齿数并没有特别要求，只求能配合使用就是。较小的一个齿轮固定在电动机轴心上，较大的套在一条细钢条上并用一块铝片或铁片固定在木柄上，如图 5 – 13。细钢条是当做轴用的，也可以利用玩具上的。

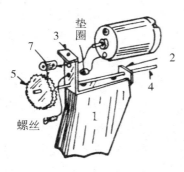

图 5 – 13

在图 5 – 11 中可以看到，用来夹持钻头的是一个钟表用的"针钳"，其形状如图 5 – 14 所示，这里只需要用它的一段。把它锯取下来之后，如图示钻取两小孔并用螺丝攻攻取丝纹，再用螺丝固定在那根细钢条做的轴上，另外还如图示般用一段铜管做一个固定器和套入垫圈及一段弹簧，使转动得更为顺滑。

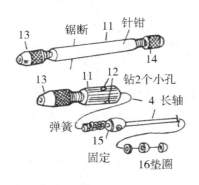

图 5 – 14

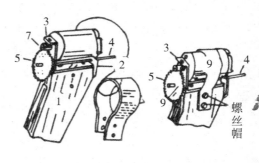

图 5 – 15

小电动机的样式不拘，最好能选用体积较大的，以便能够获得较大的动力。

关于电池问题，图中是用一个电池盒，具体该用多少节电池，应该由试验取决，以能提供足够的动力，并且在连续使用 5 分钟后电动机不会出现很热的情况为宜。电池以用大号电池为宜，要留意电池的正负极接法，假如接错极向，电动机的转向就不对。

最后用 2 块铜片做成电开关，参照图 5－11 中的 16 和 17，用木螺丝按照图 5－15 和图 5－16 所示的方法固定在木柄上。当全部做好后，不要忘记在齿轮间滴入数滴润滑油对其润滑。

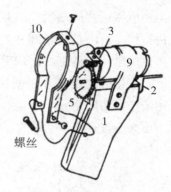

图 5－16

万用表读数记忆装置

这里介绍的万用表读数记忆装置，能在不拆改万用表电路的情况下，使万用表直流 10 伏挡在测试时，即使表笔已经离开被测电压，万用表指针仍能保持原位置 10 秒钟左右，给我们使用时带来方便，其电路图如图5－17所示。

由图 5－17 可以看出，该装置的中心是一个运算放大器 IC（用 CA3140 或国产 DG3140，F3140 均可），由于其输入阻抗极高，所以测量误差非常小。同时，电容0.47 也应该选用漏电小的涤纶电容。电源可以选用 15 伏的层叠电池。

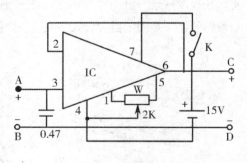

图 5－17

本装置可以装在一个小盒里，使用时串接进测试表笔和万用表之间，即接点 A、B 接表笔，接点 C、D 接万用表表笔插口，就可以使用了。

简易电容量测试器

　　电子爱好者的手头都会有一些没用标号的电容，想要知道它的容量以便利用，首先必须用电容量测试器进行测试。这里介绍的简易电容量测试器，如图 5 - 18 所示，它简便易制，测试结果准确，并且不需要复杂的调整。

　　该测试器使用一只时基集成电路产生振荡信号，由标准电容 C_{1-3}，电位器 W 滑动接点两端的电阻 R_1 和 R_2 及被测电容 C_x 组成测试电桥，当调节 W 使电桥平衡时，插口 P 处即处于信号零点。

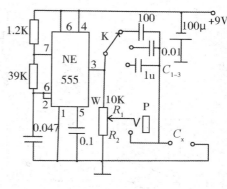

图 5 - 18

　　图中集成电路用 NE555 或其他的 555 系列时基电路。K 为单刀三掷开关，C_x 处为连接被测电容处，可使用一副鳄鱼夹子。插口 P 用来接高阻耳机。

　　测量时，将被测电容接在 C_x 处，耳机中会有振荡叫声，经过调节 W 可使叫声消失。这时可利用以下公式算出 C_x 的值：

$$C_x = R_2/R_1 \times C$$

　　式中 R_2、R_1 分别为 W 滑动点两边的阻值，如 W 为直线式电位器，则可将其旋转范围分为 50 等份，每等份为 200Ω，此分度可标在仪器表面 W 旋钮处。C 为开关 K 接入的电容值。

　　如测试时调不到叫声停止点，则应转动开关 K，重选一标准电容 C。

　　注意：此仪器不使用时应将电源电池取出。

晶体管挑选器 1

　　电子爱好者常常需要从大批次品晶体管（有的甚至没有型号）中挑选出可以用的晶体管。这里介绍一个可以帮你快速判别出被测管好坏、是 PNP

第五章　工具仪器类电子制作范例

型还是 NPN 型、是锗管还是硅管的仪器。

晶体管挑选器是一个非稳态多谐振荡器，如图 5 - 19 所示，当被测管（三极管）插入图中 b、e、c 三点时，如发光二极管 D_1 发光，则表明该管为一 PNP 型管；如 D_2 发光，则为 NPN 型管。如 D_1、D_2 均不发光，则表明管子已坏。然后观察发光二极管 D_7 及 D_8，如 D_7 发光，则表明被测管为硅管，D_8 发光则为锗管。

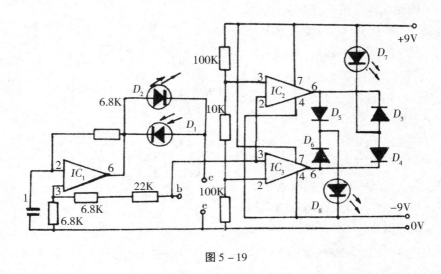

图 5 - 19

图中集成电路 $IC_1 \sim IC_3$ 均用 741 型，二极管 $D_3 \sim D_6$ 用 1N4148，四支发光管（D_1、D_2、D_7、D_8）可采用不同颜色加以区别。

晶体管挑选器 2

这个晶体管挑选器和上面介绍的挑选器的原理不同，它是利用声音来反映三极管的情况，其电原理图如图 5 - 20 所示。

图中 B_1 为晶体管收音机用输入变压器，K_1 为双刀双掷开关，上边接通时用于判别 PNP 型三极管；下边接通时用于判别 NPN 型三极管。B_1 原初级接一压电陶瓷片（HTD）。

测试时，将三极管插入 c、b、e 三插孔，然后根据压电陶瓷片发声情况进行判定：

（1）如果没有声音，说明三极管已损坏，不能用。

（2）如果发出"嘟、嘟……"的振荡叫声，则是可用管，声音愈大，放大率愈大。

（3）如果发出的声音尖利刺耳，则表明该管 I_{ceo}（穿透电流）太大。

可以把本挑选器整个装入一个自制的小盒里，由于耗电极小，可选用层叠电池，在盒盖适当的位置，开一个 φ20 毫米的圆孔，把直径 27 毫米的 HTD 粘在圆孔处，利用机盒做助声腔，使声音增强。

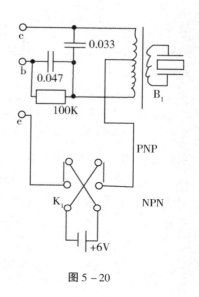

图 5 – 20

简易音乐信号发生器

高低频信号发生器是制作或检修电子音响及收音电路所必备的仪器。这里介绍的信号发生器线路简单，组件不多，而且装好后不用调整。其原理图如图 5 – 21 所示。

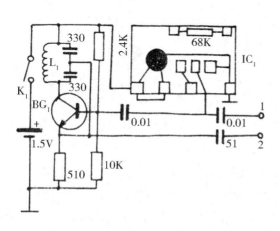

图 5 – 21

三极管 BG_1、L_1 等构成电容反馈式振荡电路，产生高频信号。同时音乐 IC_1 的音频信号通过 BG_1 的基极对前述高频信号进行调制，其调制后的高频信号由接点 2 输出。低频信号则经 0.01 电容由接点 1 输出。

应用时，高频信号可由接点 2 经引线输出，也可将发生器靠近收音机等，由 L_1 发射

信号，不用连线。输出低频信号时，应先使发生器的地线与被测电路地线连接，然后信号由接点 1 用连线引出。本发生器的调制信号为悦耳的音乐声。

图中 BG_1 应选用高频硅三极管，如 3DG201B 等，放大率应在 100 以上，太小的起振会比较困难。集成电路 IC_1 可以选用 CW9300 等。

注意焊接 IC 时，电烙铁应妥善接地，或者拔下电源插头再焊接，以免损坏集成块。L_1 可以用 500 微亨左右的低频扼流圈。电源用一节五号电池。如果电阻、电容等都使用超小型组件，则本发生器可装在塑料药筒里，电池装在筒底，其负极恰好可由筒底穿出的螺丝引出，为发生器地线。1、2 号输出接点，可由筒前部壁侧穿出两根引线充当，使用非常方便。

注：用于"通直流、阻交流"的电感线圈，叫做低频扼流圈；用于"通低频、阻高频"的电感线圈，叫做高频扼流圈。

简易多用测试仪

本测试仪虽极简单，但可进行多种测试，其电路如图 5 - 22 所示。图中 B 为 6V 电铃变压器，LED 为发光二极管。其用法如下：

（1）测二极管

将待测二极管插入 c、e 两插口，应有一只 LED 发光。LED_1（红色）亮时，则 c 插口内的管脚为正极；LED_2（绿色）亮时，则 e 插口内的管脚为正极。LED 全亮为内部短路，全不亮为内部断路，皆不可用。

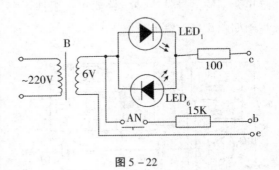

图 5 - 22

（2）测三极管

将待测三极管基极插入 b，发射极插入 e，集电极插入 c。LED 应均不发光，如有一发光，则表示该三极管漏电过大，不可用。然后按下按钮开关 AN，这时应有一个 LED 发光，红光表示该管为 NPN 型，绿光为 PNP 型。

如按下 AN 仍无一 LED 发光，则表示该管放大率太低。

（3）测电路通断

在 c、e 二插口各接一支试笔，可做通断测试器用。

电子音色合成器

这里介绍一个电子音色合成器，它能使用任何普通乐器演奏，经过转变音色后，从放大器中放出各种特殊音色的乐曲。

本合成器由电压放大、频谱合成和音色控制三部分组成，如图 5 – 23 所示。

充当拾音器的压电陶瓷片 HTD 将乐器的声音信号变为电信号，经 IC_1 三级电压放大，输入 IC_2 的 CP 端。IC_2 的四个输出端 $Q_1 \sim Q_4$ 输出输入信号的 2 分频、4 分频、8 分频及 16 分频，亦即各种谐波信号。通过调节四个电位器可得到不同谐波组合的信号，亦即得到不同音色的信号，再经 10μ 电容输出，由放大器放出

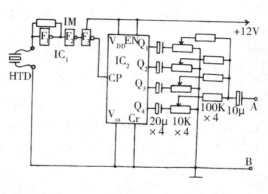

图 5 – 23

合成的音色。四个 100K 电阻为隔离电阻，防止各分频信号互相干扰。

图中 IC_1 可用 CMOS 六非门集成块 C033，IC_2 用四位二进制计数器电路 C186。四个电位器最好用线性的（X 型电位器）。

本机安装无误即可工作，无需调整。使用时，把 HTD 用胶条等固定在演奏乐器上发音较强的地方。A、B 两端接音频放大器的输入端。12 伏电源也可取自该放大器。

本机可整体装入自制小盒里，四个电位器配上旋钮，画好刻度。通过多次试验，可由电位器的不同位置，而得到不同的音色，可将此音色相应的各电位器位置记录下来，以后使用起来就会更方便了。

立体声模拟电路

这里介绍一个只需几个组件使你的收音机或单声道录音机放出模拟立体声的方法。其原理线路如图 5－24 所示。

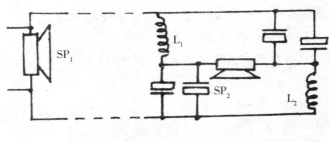

图 5－24

扬声器 SP_1 为原机（收音机或录音机）扬声器，引出两根线接向右边新添的电路。图中 SP_2 为新增扬声器，应力求与 SP_1 参数相近。四只电解电容均为 30μ 耐压 15 伏的，注意接线的极性，不可搞错。两只电感线圈均需自制，可用直径 20 毫米、高 20 毫米的骨架，用 $\varphi0.4$ 毫米的漆包线缠绕260 圈。

把新增的扬声器和本电路装入一个音箱中，接上线，就可以欣赏立体声音乐了。

检测电热毯断线的电路

电热毯使用日久，极易失效不再生热。这种故障多数是断线故障，因为电热毯中的电阻丝非常细，容易折断。这种故障，很好修，只要把断线接上就行了，但是问题是 10 几米长的电阻线哪儿断了不好找。

图 5－25 是一个简单的寻找电热毯断处电路。这其实是一个放大率极高的级联式放大电路。图中 P 可用 1 厘米×3 厘米的长方形金属片。耳机 R 应用较高阻值的，如 800 欧。

使用时，先将电热毯接上电源，将金属扳 P 在电热毯上从入线处，大

致按电阻丝走向慢慢移动。由
P 捡拾到了电网上的 50 赫兹
交流声信号，经三个三极管放
大后，在耳机 R 上发声。随
着 P 的移动，会突然发现耳机
无声了，这儿就是断线处。

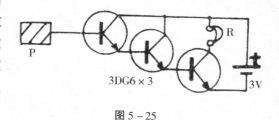

图 5 – 25

断线处找到后，即可将电
阻线断处的塑料外皮剥掉，然后将电阻丝两端相向搭接近 5 厘米长，再互相
绞紧。然后用从多股软线（塑皮线或花线芯均可）抽出的一段细铜丝，将
电阻丝铰接处绕上一层，使电阻丝的电接触更加可靠。最后将此处用一层
石棉布包上即可。

发音矫正器

这个矫正器实际是一个高质量的扩大器，具有频带宽、响应平滑、失
真小等优点，能真实地重现输入声音的微小细节，从而能发现声音中各种
缺欠，其原理图如图 5 – 26 所示。

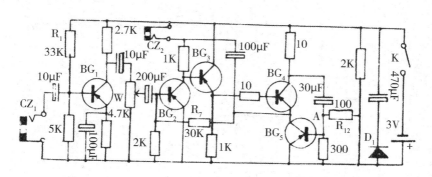

图 5 – 26

图 5 – 26 中 $BG_1 \sim BG_3$ 可用 3AX31，BG_4 和 BG_5 可用 3AX81，各管的放
大率均应大于 40。话筒应购买型号为 OSD—902 的高保真头戴式耳机传声器
组合，一般在电话器材商店有售，购回后将其耳机线换成 φ3.5 毫米插头，
传声器换成 φ2.5 毫米插头。图中 CZ_1 用 φ2.5 毫米插座，是接传声器用的；

CZ$_2$ 用 φ3.5 毫米插座，是接耳机用的。

全机装好后，将音量调节电位器 W 调至音量最大，调节 R$_7$（30 千欧），使图中 A 点电压接近 1.5 伏（即电源电压的 1/2），再调整 R$_{12}$（100欧）使电路总电流为 12～18 毫安，最后调整 R$_1$（33 千欧）数值，使向传声器吹气时，耳机中听到的声音最大。

由于平时人听到自己的声音多是由骨头传导的，与别人听到的不同，本矫正器却听到由空气传输的自己的声音，从而发现其中的缺点，以利改正，故效果极好，尤其对学习外语，不但可矫正发音，还有增强记忆的作用。

集成电路 555 及 741 的挑选器

集成电路 555 及 741（F007）用途极广，是电子爱好者常用的组件。这里介绍的挑选器可以迅速测出其好坏，从而方便地从廉价品中挑选出可以使用的组件来，其原理图如图 5－27 所示。

图 5－27 中可见，左边集成电路（IC$_1$）系 555 组成的无稳态振荡电路，最左边的 10K、68K 电阻及 10μ 电容决定其振荡频率为 1 赫。振荡信号由第 3 脚输出，驱动发光二极管 LED$_1$ 发光，表示电路起振，该 555 良好可用。

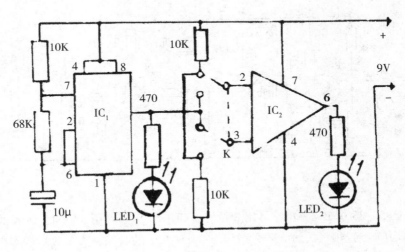

图 5－27

另一方面 IC_1 输出的振荡信号，还通过开关 K 传输至集成电路 741（IC_2）的 2 脚或 3 脚，从而构成同相缓冲器或反相放大器，当构成前者时，发光二极管 LED_2 与 LED_1 同步闪光，构成后者时则两个 LED 交替闪光。如果没有出现此种闪光现象，可以认为这个 741 已经损坏，不能用。

安装时，IC_1 及 IC_2 均使用 8 孔集成电路插座，K 为双刀双掷开关，控制 741 的工作状态。

使用时，应备有完好的 555 及 741 各一只，测 555 时，将好的 741 插入 $1C_2$ 处，将待测 555 插入 IC_1 处，如果 LED_1 闪光（频率 1 赫），则该 555 可用。测 74l 时，在 IC_1 处插上完好的 555，待测 741 插在 IC_2 处，搬动 K，则 LED_2 与 LED_1 应能有"同步"与"交错"两种闪光现象，否则为坏管，不可用。

本机电源可取自稳压电源，也可用串联电池组，因耗电不太高，也可用层叠电池。

可控硅的挑选器

可控硅在电子制作中应用日益广泛，这里介绍的挑选器可以对可控硅进行筛选。电路图见图 5 – 28。

图中 B 为电源变压器，可用电铃变压器。电珠 ZD 可用 12 伏、100 毫安的。D 为双色发光二极管，可用 2EF303。右端为待测可控硅管脚插口。

测试时，将可控硅插进插口。如 ZD 发光较暗，D 发红光，则可知该管为单向可控硅。如 ZD 发光较亮，D 发橙光，则为双向可控硅。D 的亮度（无论红光或橙光）越亮，则说明该被测管的触发电流越大。

当断开 G 极之后，ZD 仍发光，说明该管已击穿，不能使用。反之，当待测管插入后，ZD 不亮或 ZD 及 D 均不亮，则表示该管内部断路不能使用。

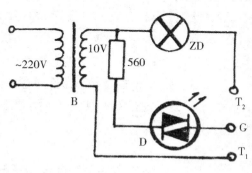

图 5 – 28

简易测光表

测光表对摄影爱好者来说是必备品，这里介绍一个组件不多、性能可靠、简单易制的曝光表。电原理图如图 5－29 所示。

图中"光电管"BG_1 可用玻壳封装的 3AX81 三极管，将外壳上的黑漆刮净，用万用表测定其 ce 间的光敏特性，选择其暗阻大于 20 千欧，亮阻小于 1 千欧即可。三极管 BG_2 用 3DG6，BG_3 用 3CG21，BG_4 用 3DG6。

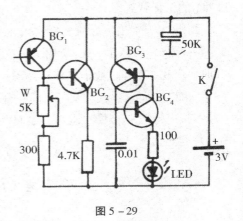

图 5－29

全部组件装在一自制小盒内，BG_1 及 LED 应露出盒外，在电位器 W 上配上刻度旋钮，以备绘制光强刻度。

绘刻度时应用一标准测光表。将自制表与标准表对准同一光源，把 W 由最小，逐渐旋大至某一点时，LED 发光，即可将标准表上的读数标在自制表此点上。如此进行多次（改变光源亮度），反复标定不同读数即可。

当光线照射在"光电管"BG_1 上后，其阻值下降，BG_2 基极电位上升、导通，其发射极输出的信号使接成"可控硅"状态的 BG_3、BG_4 触发，进入饱和导通状态，从而使发光二极管 LED 发光。这时即使脱离光照，LED 仍然继续发光。图中电位器 W（5 千欧）可决定在何种光照强度下，BG_2 才能导通，从而控制了 LED 发光时的光强值。

使用时，先将 W 旋至最小，打开电源开关 K，将测光表放在测光位置，小心旋动 W，当 LED 发光时，显示的刻度即为光强值。这时应关掉电源，使 LED 熄灭，以备下次使用。

木料中残钉探测器

木工常需加工旧木料，这时隐藏在木料中的残钉会损坏工具，影响工作。这里介绍的探测器可发现 5 毫米深处的残钉头，如果残钉的长度超过 2.5 毫米，则探测距离还可加大到 20 毫米，其电路图如图 5 – 30 所示。

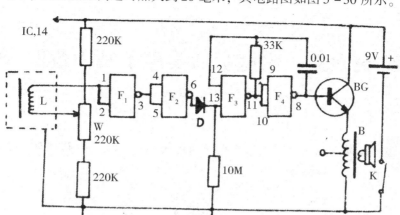

图 5 – 30

当探头线圈 L 掠过残钉等铁磁性金属时，L 中就产生一个脉冲电压，经集成电路门电路 F_1 及 F_2，触发由 F_3 和 F_4 组成的振荡电路，再经三极管 BG 放大由扬声器发声报警，表示有残钉，并有助于找到残钉位置。

图中集成电路 F_1 ~ F_4 用 CO36，二极管 D 用开关二极管 2CK20，BG 用 3DG6。输出变压器 B 及扬声器均采用常见半导体收音机上用的即可。线圈 L 是关键部件，需要自制，其结构图见图 5 –31。

用一个强力马蹄形磁钢（如电表中用的），在一个臂上作一个线框，

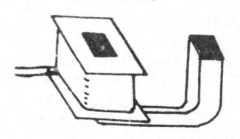

图 5 –31

用 φ0.08 毫米高强度漆包线密绕 4000 匝，匝数越多，探测灵敏度越高。

线路焊好后，把电位器 W 旋至任一端，将 IC 的第 13 脚用导线与 14 脚连接，这时扬声器应发出振荡叫声，这时调节 W，使叫声刚好停止。用铁钉等物在 L 前移动，扬声器应有反应。

探头 L 应将线圈框固定牢固，最好用铜皮等非导磁物质为 L 做一个外壳。

···➤➤ 第六章　家庭生活类电子制作范例 ◀◀···

　　这里主要介绍一些用于家庭生活的电子制作，实用性均较强，可以成为家庭生活中的好助手。

门铃 1

　　门铃是家庭生活中常见的电子组件，这里介绍一个"叮咚"声的门铃，其原理如图 6 – 1 所示。

　　它是由集成电路 555 接成无稳态多谐振荡电路，当 AN 按下时，产生振荡，在扬声器 SP 上发生"叮"的一声。松开按钮，47μ 电容上储存的电能，经 47K 电阻放电，对 555 第 4 脚继续产生触发电势，维持振荡，但这时 30K 电阻串入电路，振荡频率改变，使扬声器发出"咚"声。

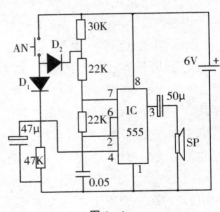

图 6 – 1

　　图中 AN 为电铃用按钮开关，二极管 D_1 和 D_2 均可用 2CP10。扬声器 SP 可用 8 欧扬声器。

　　整机装好后，先将 555 的第 4 及第 8 脚用导线短接，并按下 AN 此时扬声器发声，调整两个 22K 电阻的数值和 0.05 电容的数值，使发出"叮"声（这时频率约为 700 赫）。松开 AN，调整 30K 电阻值，使发生"咚"声

（约 500 赫）。"咚"声余音的长短，由 47μ 电容决定。

本机耗电极小，一个 6 伏层叠电池可用 3 个月。

门铃 2

如果你手头有一个音乐贺年片，可以制成一个很实用的音乐门铃，如图 6-2。

图中 IC 是贺年片里的音乐集成块，其余均为增加的组件。按动 AN 后，BG_1 及 BG_2 导通，向 IC 供电，开始发出音乐声。这时虽 AN 已脱离接触，但因 BG_1 及 BG_2 有延时作用，故其对 IC 的供电仍可延续一段时间，即音乐声也延续一段时间。调整 BG_1 基极

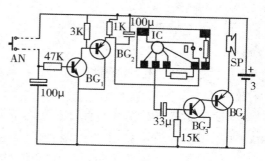

图 6-2

电路里的 47K 电阻及 100μ 电容，可调整延迟时间。

BG_3 和 BG_4 组成放大级，可使放出的乐声符合门铃的需要。

图中 BG_1 和 BG_3 均用硅三极管 3DG6，BG_2 用锗管 3AX31，BG_4 用 3AX81。AN 为电铃按钮。扬声器 SP 可用普通 8 欧动圈扬声器。电源用 2 节五号电池。

全机连电池装在一小盒内，盒上开有扬声器放音孔。该盒可挂在房内适当地方（如中厅里）AN 装在门外，用细引线与小盒相连。

本机耗电不多，2 节五号电池可用 3 个月以上。

门铃 3

这里介绍一个利用废旧自行车车铃壳、细铁杆、小铜片和一些漆包线、木板做成的门铃，把开关装在门口，电铃装在室内，来人一按开关，铃声就会催促你去开门了，其结构如图 6-3。

图中，1 为自行车铃壳。将一铁片弯曲成桥形，铁片的拱起处开有小孔，将铃内的螺杆插入孔内，套上螺帽固定住；如能在孔内铰出相配的螺纹，则用螺钉把铁片固定在盒底 2 上，装拆更为方便。

3 为电磁铁，由长 140 毫米、直径 6 毫米的铁杆弯成马蹄形制成。在一厚约 5 毫米的

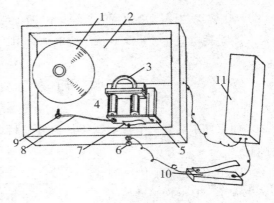

图 6 - 3

木条上钻 2 个孔，孔的间隔和大小恰能与马蹄形铰杆相配，把弯曲的铁杆插入孔内。

用较薄的硬纸在铁杆的直臂上卷两个纸筒，使筒端与铁杆头部相平。待干后，找一些 28～30 号漆包线，均匀地绕在筒上（每绕一层应卷一层薄纸，共绕 4 层。一只筒上绕好后，以相反的方向在另一筒上也密绕 4 层。可参照图示的方法，在插有马蹄形铁杆的木块旁再钉一木条，然后固定在盒底 2 上。

5 是衔铁，长约 80 毫米，宽约 16 毫米，由薄钢片做成。剪一条长 30 毫米，宽 6 毫米的薄铜皮，将它的一边焊牢在衔铁一侧。衔铁两端钻有小孔，右端固定在木柱上（木柱固定在盒底）。左端小孔内放入一螺钉，用螺帽固定一段铁丝 8，铁丝的另一端夹紧着一个小螺钉 9，当衔铁振动时，使铁丝上的小钉正好敲击车铃。

6 是固定在盒边的螺栓，旋松螺帽可调节其伸出的长度，使它的伸出端正好顶住薄铜皮 7。

将线圈的一根引出线与衔铁 5 相接（可焊住），经铜皮、螺栓 6 和导线与开关（电键）10 连接。线圈的另一导线与干电池盒的一极连接，另一极连接的导线与电键底座上的接线螺钉相接。干电池盒内共放 4 节一号电池。

安装时把电键装在门外，电池和电铃盒装在室内。客人来访时，按下电键，电路接通，由于电磁感应，通电线圈使铁芯产生磁力，吸动衔铁，但由于衔铁上的铜片与螺栓头脱离，电路又中断，以致磁力消失，衔铁弹

开，又与螺栓头接触，电路又接通。这样，使与衔铁相连的小钉不断敲打车铃而发声。

图中的电键为示意结构，你还可以自己设计更美观的"开关"。

门铃 4

深沉、绵长的钟声能把人带进深远的意境，用它做门铃别有一番情趣，这里就介绍一个钟声门铃，电路如图 6 – 4 所示，按一下 AN 即可发出"当——"的一声，而且声音拖长，慢慢变弱。

图中 BG_1 可用 3DG6，BG_2 可用 $3A \times 31$，$3A \times 81$ 等锗管。扬声器 SP 可用 4~8 欧的动圈扬声器，以口径大些的为宜。

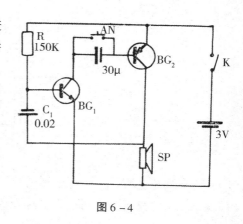

图 6 – 4

图中 R 及 C_1 决定振荡声的音质，所以线路装好后，如音质不能令人满意，可改变此两组件的数值，R 可在 50 ~ 500 千欧间选择，C_1 可在 0.01 ~ 0.05 微法间选用。

按钮开关 AN 每按一次可发出一声"当——"。如欲使声音连续发出，则可将另一多谐振荡电路输出端接到 AN 两接点。也可利用其他开关电路接到 AN 处，由别的电路控制声音的发生。

闹　钟

这里介绍一个简单的闹钟，它是根据天色的光亮程度，依靠电位器的零件来调节。当到达预定的时间时，喇叭便会发出声响，把人们从睡梦中唤醒。因此，只要根据具体要求来调节这个电位器，就可令闹钟到时发出声响，其电路图如图 6 – 5 所示。

这个闹钟共有 6 个零件，其中最主要的一个是光敏电阻，它会根据光线

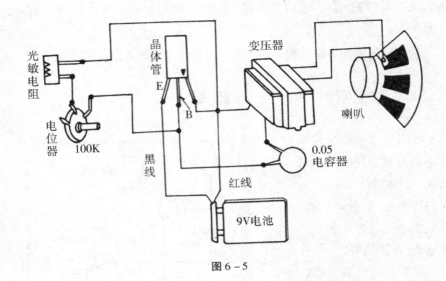

图 6 - 5

的亮暗来改变它的阻值，这里利用这个特性来控制工作。光敏电阻有两只接脚装在它的背面，正面是它的感光面，里边有一条弯弯曲曲的小槽，它就是感光物质，当感受到光线时它就会发生阻值的变化。光敏电阻有许多种，这里可以随意选用，可取较小型的，因为价格比较便宜。

变压器是 ST130 或 IT170，有两根引线的一端接喇叭。喇叭的大小没有规定，但要用 8 欧的。电位器有 3 只接脚，此处只用它的 2 只，干电池用 9 伏。

晶体管是 2SB56。焊接时要认清楚它的三只管脚。

家电检测器

在当今社会，家用电器越来越多地进入各个家庭。在家里放置较多家电，必须注意安全问题，要定期检测各种电器，发现问题及时修理。例如洗衣机、电熨斗等，因为工作条件关系（水、热），容易使其绝缘度下降，导致触电事故，危及人身安全。

这里介绍一个家电检测器，它主要用来检测各种家电的绝缘度，能及时将损坏漏电的情况查出，避免发生事故。同时还可以当做通断测试器使用，能检测出电源线断线等一般损坏情况，以方便自行修复，省时省力。

电路原理图见图 6 – 6。该检测器实际是一个三级直流放大器组成的欧姆表线路，有 3 个测试挡。由于该仪器没有表头，只用一个小电珠显示电阻情况，当电珠亮度大时，表明电阻小，反之为电阻大。如 MΩ 挡，可测 0 ~ 25 兆欧的电阻，当两支测试棒接触试件后如电珠亮度暗，则可认为电阻为 20 兆欧以上。

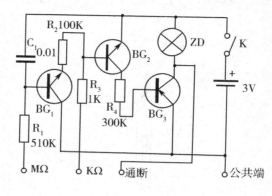

图 6 – 6

图中 BG$_1$ 及 BG$_2$ 可用 3DG1，BG$_3$ 可用 3AX25。放大率皆应在 80 以上。小电珠 ZD 必须用 2.5 伏、200 毫安的一种，电池可用 2 节一号电池。

使用时，可将 2 根引线接在 MΩ 挡及公共端上，用这两根引线一端接触电器的电源插头任一端，另一引线接触该电器外皮。如电珠不亮或极暗，则可视为绝缘良好；如亮度较强则为绝缘损坏，应停止使用。

公共端和"通断"挡可以用来检测电源线是否有折断处。

应急电烛台

如果电力供应发生故障，有随时停电的可能，这里介绍的电烛台可以在停电时用来照明，由于它是白色的，即使在较昏暗的环境中也很容易找到，并且它也相当美观，可以放在案头上或壁架上作为一件装饰。

如图 6 – 7 所示，这个电烛台是由 2 节干电池加上 1 个小电珠制成的。在烛台下面装有 1 个电源开关，它在烛台平放时由

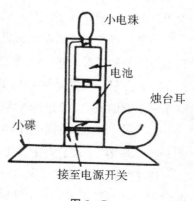

图 6 – 7

于外突的电钮被压下，电珠不通电不会发亮。但当烛台被拿起时，电源开关便因电钮的放松而接通，电流通过使电珠发光。

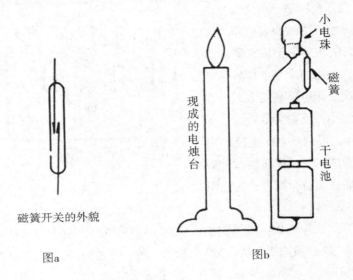

图a　磁簧开关的外貌

图b

现成的电烛台

小电珠
磁簧
干电池

图 6 - 8

制作时，可以用一个铝质的小碟子反过来用碟底代替烛台。烛台耳可以剪一小片铝片或铁片弯曲制成，并用万能胶把它粘固在烛台上。

装电池的管子可以用一段适当长度、粗度的塑料管（或硬纸管）来制作，在近底部一段用一块硬纸隔开，使电池不致直接触碰到电源开关。硬纸上开取两个小孔以便让接到电开关的两根电线穿过。注意：用万能胶把管子粘在烛台即小碟子上是最后一步。

小电珠以3伏或3.8伏为宜，用一个小灯座装好。为了美观，可以另外按塑料管子的直径剪取一块圆纸片，以恰好掩盖住管内的电池，又让小电珠露出，并且还要照顾到日后更换电池的方便。电池的规格、大小，可以就手头上有的或能找到的塑料管的内径而定。

最后的工作是将装电池的塑料管子美化，把它涂上白色，并且设法粘上一些"烛泪"，使它看上去更像一支真蜡烛。

这个烛台比较难造的是那个电源开关，不过只要小心，也是可以用最简单的工具制造出来的。电池的装置可以用一个小型手电筒来改装。

电器化识字板

　　这里介绍的电器化识字板是一块大约 30 厘米见方的木板，板上画有相同大小的方格若干个。一半方格上写有作为被认识的字，一半的方格上则印有与被识字相对应的实物图，如"手"字用一只手的实物图来表示，"鱼"字则用一条鱼来表示等等。每个方格上有一个小插口，它和电池等电路相接。在这块板的中央露出一个小电珠，它用于指示被认的字是否正确，若正确的话，它便会被点亮。

　　板的下方有两根电线引出，电线上各附有一个小掸子，它是和有关电路相通的。当使用时，两根电线中的一根插在实物图一方的插口上，另外一根如果是插入在和这个实物相对应的字的插口上的话，小电珠便会发亮。举例来说，一根电线插在鱼的实物图上，另一根电线要接在"鱼"字上才会使电珠点亮。若果插在别的任何一个字上，电珠是不会亮着的。因此，可以帮助一些人来辨认生字。如果变通一下，这个识字板，还可以做较复杂的其他用途。

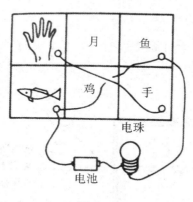

图 6－9

　　图 6－9 所示的是一个简化了的电路原理示意图，图中只绘出两个字和实物图，每一组的图和字之间是互相用电线接连的；小电珠和电池则接成另一部分的电路，当它的一根电线接到鱼的实物图时，另一根只有接在

"鱼"字上电路才被接通。电路接通的结果，是小电珠被点亮。要是电线接到"手"字上时，电珠就不亮。

找一块大约30平方厘米的薄三夹板，在板面涂上白色油漆，再在板面上画上8个等分的方格（用箱头笔或者红、黑等色的漆油来画）。接着在板的正中钻出一见方个仅可露出一枚小电珠的小洞，在每一方格的一角钻取安装小插口的小洞。然后把插口安装在每个小洞上，并计划好哪些插口是用来安置实物图，哪些是用来安放字的。

图6－10的示例是左方的8格为实物，右方8格为字。另外还要计划和实物图相连接的那个字应该选取那个位置，然后再将它们用电线焊接起来。接连的原则是：鱼接鱼、猪接猪……图片可以剪自书籍、画报等。

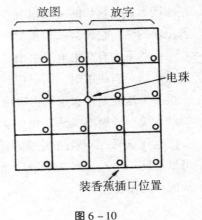

图6－10

电珠使用3.5伏或3.8伏的。电池是用2节大号干电池串联，也可以用一个3伏的电池盒来安装电池。电池盒应安放在板底，它和电珠的接连方法如图6－11所示。

一个时期之后，有换字的必要时，只要将板的位置颠倒放置，这样字和画的接连关系就有了变化，认字的人需要重新判断图与字的关系了。

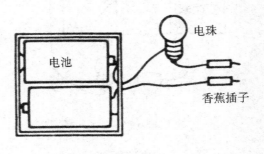

图6－11

诱鱼器 1

这里介绍的诱鱼器是一个三点振荡及间歇振荡的混合电路，如图6-12所示，它发出的间歇超声波能起到诱鱼的作用。

图中，三极管 BG 用 3AX31，变压器 B 用半导体收音机输出变压器，扬声器 SP 用 8 欧的。电感 L 用 10 毫亨的，也可用半导体收音机输入变压器初级代用。

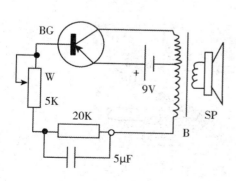

图 6 - 12

使用时，将电源开关打开，将全机放入密封防水的塑料袋里，沉入水中即可。

诱鱼器 2

本诱鱼器工作原理跟上一个诱鱼器相同，但线路更简单，而且效果毫不逊色，电路图如图6-13所示。

图 6 - 13 中，BG 用 3AX26 或 3AX81 均可。变压器 B 用普通半导体收音机输出变压器。

安装时，把扬声器 SP 作防水处理后，用长导线放入水下，全机其余部分则装入盒中留在岸上，通过调节 W（5 千欧电位器）可改变振荡频率以找到最佳诱鱼点。

图 6 - 13

简易气泡发生器

在家里喂养金鱼经常需要使水内保持足够的氧气，最好有一只气泡发生器。这里介绍一个简易的气泡发生器，原理和结构都极为简单。

气泡发生器的动力源是现成的，一般电铃继电器即可（要用直接接220伏电源的电铃线圈），气泡发生部分的制作如下：

如图 6 - 14 所示，将电铃线圈与 220 伏电源接通后，铁杆 1 按每秒 50 次的规律上下运动。2 是活动铁片，它的左端卷成筒状，用小轴固定在铁片做成的支座 3 上。4 是橡皮管，它的左端剪掉一部分，它的扁平部分固定在活动铁片 2 下。当 1 向下时，迫使活动铁片 2 绕轴向下转动，首先把皮管左端的开口压扁并关闭，接着压扁皮管，迫使皮管

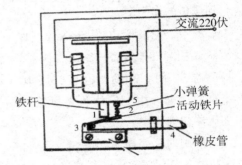

图 6 - 14

内的气体向右喷出，如橡皮管 4 的另一端放在水缸底下，就会有气泡窜出。当杆 1 向上运动时，在小弹簧 5 的拉力作用下，活动片 2 迅速向上弹起，皮管左端又出现空隙，外界空气立即钻入管内，接着又重复上述过程，以致不断在水缸内产生气泡。

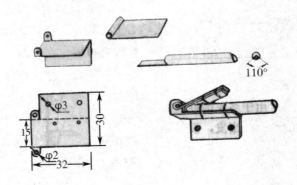

图 6 - 15

铁片支座 3 的形状如图 6－15 所示，厚 1 毫米，长边 32 毫米，短边 30 毫米。左端剪成两半圆小耳边，耳边中央钻有 2 个直径为 1.5 毫米的小孔。在它的上部两端各钻一个直径 3 毫米的小孔。沿虚线按图中形状弯折。另用 1 毫米厚的铁片剪成长 36 毫米、宽 15 毫米的长方形，在左端放一根直径 2 毫米的铁丝，长约 20 毫米，然后将铁片绕铁丝弯曲成管状。抽出铁丝，换上一根直径 1.5 毫米、长 18 毫米的铁丝作为小轴，将活动铁片固定在支座小耳上，使它能自由转动。

选取一根直径约 6 毫米的橡皮管，应富有弹性且管壁较薄。将皮管离左端约 30 毫米长的一段顺着管子长度的方向，剪去一部分（剪去部分约占圆周的 1/3）。把余下的扁平条用橡筋缚在活动铁片上，管子也用短橡筋缚在铁片做的支座上（铁片的弯折处可开 2 个小孔，让橡筋穿入）。

将装有皮管的支座固定在电铃铁杆 1 下面，调整它与 1 的位置，使杆 1 被吸下时正好压扁皮管。

使用时把皮管 4 的另一端浸在水缸里，把电铃线圈的引出线与 220 伏电源连接，即能发生气泡。

如果没有这种现成的电铃变压器，可按本书中有关电铃线圈的绕制方法，自己设计制造一个电磁线圈，不用 220 伏，用 36 伏或更低的电压带动，那么就更安全了。

报时钟夜间停报装置

许多电子钟（如石英钟）带有报时电路，并且大多数在夜间也会继续报时，影响家人的休息。这里介绍一个光控停报电路能使电子钟在白天或有灯光时正常报时，而到夜间熄灯睡觉时，自动停止报时。

光控停报电路的线路图如图 6－16所示，其中光敏电阻 R 选用 RG1 型。两个三极管无严格要求，只需选用放大率在 100 以上即可。

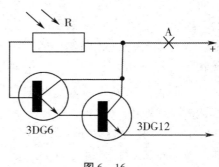

图 6－16

安装时，可在电子钟内找出起报时作用的音乐集成片 IC，将其电源线正极引线切断（图 6 – 17 中 B 点），在断口处接入停报电路。当照射到 R 上的光线足够亮时，三极管导通，IC 正常，当光线变弱时，三极管截止，IC 电源切断，虽到整时也不能发声。

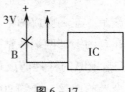

图 6 – 17

需要注意的是这个光控电路需要在供电电压为 3 伏时方能使用，如果电子钟内报时 IC 的供电电压为 1.5 伏时，则应在光控电路中再串入一节电池（图 6 – 16 中 A 点），该电池正极接图中左方（R 所在方），负极接右方。

另外，整个电路接入电子钟时也要注意正负极，不能接反，否则报时电路在白天也不会响了。

电冰箱节电装置

电冰箱的压缩机工作时，对箱体后部的散热排管进行强制风冷（即加装一个电风扇）可以缩短压缩机工作时间，节约电能。据估算，大约可节约用电 1/6。

这里介绍的节电装置可以使加装的电风扇在压缩机工作时自动开启，向散热管吹风，当压缩机停转时，电风扇亦随之自动停止，其电路原理图如图 6 – 18 所示。

图 6 – 18 中，DZ_1 为电冰箱插座，DZ_2 为加装的电风扇插座，当压缩机启动工作时，其工作电流流经二极管 $D_{1~4}$ 产生一定电压降，从而使双向可控硅 BCR 触发导通，使插在 DZ_2 上的电风扇转动。当压缩机停转时，触发电压消失，BCR 截止，电风扇停转。

图中 BCR 可以选用 1 安、400 伏的双向可控硅，二极管 $D_{1~4}$ 可以

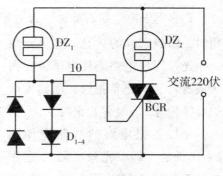

图 6 – 18

选用3安、400伏的整流二极管如1N4001等。加装的电风扇可用仪器用220伏、15瓦小型风扇，安装在冰箱散热排管下方，向上吹风。

简 易 喇 叭

这里介绍的简易喇叭是一个由4个组件组成的工作可靠的鸣响器，声音相当大，可做汽车者摩托车的喇叭，也可以作门铃，如果安装在自行车上，也很别致有趣。

简易喇叭的电路如图6－19所示。三极管 BG_1 可用 3AX31，BG_2 可用任何 3BX型三极管。扬声器 SP 可用阻抗8欧的小型动圈扬声器。电路的电源电压适用范围大，在 $1.5 \sim 24$ 伏都能工作，如果用做门铃或自行车铃则用一节电池，即电源电压1.5伏；如果用作摩托车喇叭，则可随车上的蓄电池电压，根据不同电源电压，调整电阻R的数值即可。R可在 $0 \sim 470$ 欧间选取，实际装置时，可先用一个470欧电

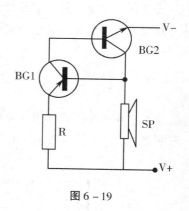

图 6 - 19

位器代替，调整此电位器至声音合适时，测定其数值后改用一个固定电阻代替即可。

电 子 车 铃

这里介绍一个电子声光车铃，可以装在自行车或者电动自行车上，如图6－20所示。按下开关 K 时，不但可以发出"嘀嘀"的鸣声，而且可以发出闪亮的红光，这在夜间行车时，更容易引起别人注意。

图中变压器 B_1 需要自行绕制。用小型晶体管收音机用的输出或输入变压器的铁芯，L_1 可用直径0.19毫米的漆包线绕100圈，在17圈处抽头。L_2可用直径0.1毫米的漆包线绕500圈。三极管可用 3AX31 或 3AX81 等，放大率应在80以上。LED可用红色发光二极管，要求其颜色醒目。HTD可用

直径 27 毫米的压电陶瓷片。K 是按钮开关。

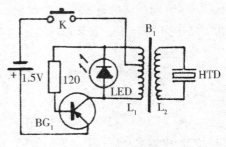

图 6-20

整机装在 90 毫米 × 60 毫米 × 30 毫米的自制小盒里，小盒可用有机玻璃或硬质塑料板制作。压电陶瓷片可以用万能胶平粘在盒盖内侧，用小盒做共鸣箱增强音量。开关可安在小盒后侧面，使其按钮伸出盒外，方便按动。电源用 1 节五号电池，大约可使用半年。把小盒固定在自行车车把上，一个电子车铃就可启用了。

自行车车速表

这里介绍一个用普通电子组件组装成的简单、可靠、耐用的车速表，与一般机械式车速表比较起来，由于其无活动部件，所以寿命长、工作可靠。

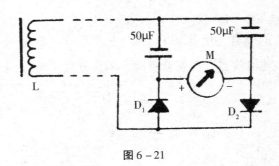

图 6-21

这个车速表的整个线路图如图 6-21 所示，其主要组件是一个灵敏度为 50 微安的电流表。图中 D_1、D_2 可用 2AP 型二极管，以提高其灵敏度。L 是一个带铁芯线圈，可以用一个高阻耳塞机改制，将耳塞的上盖（耳插部分）和振动膜片拆掉，用塑料布包好，固定在自行车前叉靠近前轮外缘处，使耳塞开口处对正车轮。

将表头、电解电容和二极管等装在一个小盒里，表头刻度外露。将小盒固定在车把上。再找几个文具盒盖用的小磁铁，将其固定在前轮辐条外端。调整磁铁和耳塞的相对位置，使它们能尽量靠近。这样当车轮转动，带动磁铁转动时，可以在最近处掠过耳塞线圈 L，产生一定的电流，由导线传至电流表 M，使指针偏转。根据物理学原理，磁铁掠过线圈时速度愈大，产生的电流愈大，所以由表头指针偏转角度，就可以知道车轮旋转速度，即自行车车速。

为使表针偏转较稳定，最好在前轮相应位置固定相距一致的几块磁铁，以 6 块为宜。其磁极方向应相同。最后可通过实测绘制出表头盘面刻度，单位为千米/时。

水位报警器

对盲人来说，给杯里倒水是个不易完成的任务。这里介绍一个水位报警器，当往水杯里倒水水将满时，这个报警器能发出音乐信号，同时产生振动，起报警作用，不但适用于一般盲人，而且对既盲又聋的人，也能起作用。其原理图如图 6-22 所示。

当杯中水面上升超过 T_1、T_2 使 T_1、T_2 导通时（水是导体），报警器电源接通，音乐 IC_1 发出的音乐信号，经过 BG_1 放大，由 B_1 输出，HTD 发出音乐声，使倒水的盲人知道水杯内水将满。同时音乐信号通过 10 千欧电阻，加到复合管 BG_3 和 BG_2 上，使其导通，

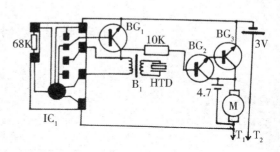

图 6-22

电流流过小电动机 M，使其转动，如果该倒水盲人手扶着本报警器则可感觉到电动机的振动，而知道水杯将满。

图中音乐 IC 可用任何型号，如 KD9300 等。三极管 $BG_1 \sim BG_3$ 均用 3DG 型，如 3DG6、3DG12 等，BG_1 的放大率要求在 80 以上，BG_2、BG_3 只要 40 以上即可。变压器 B_1 可用晶体管收音机用输出变压器，注意初级接 HTD，HTD 可用 φ27 毫米压电陶瓷片。电动机 M 可用一般 3 伏玩具电机。

制作时，整机连同 2 节五号电池全部装入一扁长形小盒内，盒一端伸出

接触杆 T_1、T_2。接触杆可以用 $1.0 \sim 1.5$ 毫米直径的铜线或者镀银铜线，做成钩形，挂在水杯上，两端探入杯内 3 厘米。T_1 与 T_2 之间距离以 1 厘米为宜。

闪光节拍器

这里介绍的闪光节拍器除了闪光外，还可以在洗相片时当做曝光定时器用。

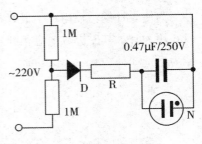

图 6 - 23

如图 6 - 23 所示，图中 D 可用 2CP24，氖灯 N 可用试电笔氖管。220 伏的交流电经过两个 1M 电阻分压后，经 D 整流，向电容（0.47 微法）充电，当达到氖灯启动电压时，氖灯亮，随即因电容放电而熄灭，下一循环又开始，如此反复闪亮，形成节拍。其节拍频率由电阻 R 的值决定，可以先把 R 由一电位器代替，经过实际测定并做成刻度盘，即可方便地选定节拍频率。

自动曝光定时器

这里介绍的自动曝光定时器可以控制光源按调定的时间曝光，大大提高印相质量及工作效率。制作时不需筛选数值精确的电阻，很方便，其原理图如图 6-24 所示。

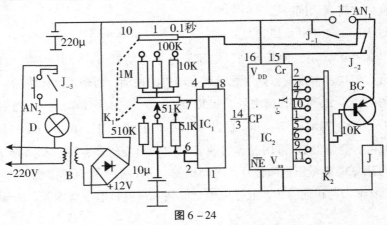

图 6-24

集成块 IC_1 产生基本计时脉冲，由 3 脚输出至 IC_2 输入脚 CP。其输出脚 $Y_1 \sim Y_9$ 分别输出倍率为 $1 \sim 9$ 基准时间的高电平，以控制三极管 BG 的通断，进而控制继电器 J 的通断，达到控制曝光光源灯泡 D 闪烁的目的。

双刀三掷开关 K_1 用于选定脉冲基准时间，分成 0.1 秒、1 秒和 10 秒三挡。单刀九掷开关 K_2 用来控制倍率值。IC_1 可用 5G1555 及类似的 555 集成块。IC_2 为 C187。BG 用 3AX31C 或 3AX81C 均可。继电器可用 JQX - 4F12V，应有 2 组常开触点和 1 组常闭触点。

曝光前的初始状态即如图 6 - 24。这时 BG 断电，继电器 J 没吸合，灯 D 不亮。根据需要的曝光时间调定 K_1 及 K_2。如图中 K_1 在 1 秒挡，K_2 在 Y_9 挡，则曝光时间为 9 秒。开始曝光操作时，只需单击按钮开关 AN_1 即可，这时电源（12 伏正电）经常闭触点 J_{-2} 接至 IC_2 的 Cr 脚，将 $Y_1 \sim Y_9$ 诸脚清零，BG 导通，继电器 J 吸合，常开触点 J_{-1} 和 J_{-3} 联通，一方面曝光灯 D 亮，另外使 J 自锁。同时 IC_1 获得电源供给，开始振荡发出时基脉冲，IC_2 开始计数工作。当预置的 9 秒时间计数完后，Y_9 脚输出高电平，经电阻 10K 到 BG 基极，使其截止，继电器 J 释放，J_{-3} 断开，灯 D 熄灭，完成一次曝光周期。

图中按钮开关 AN_2 为手动曝光开关，可在不启用自动定时曝光时采用。变压器 B 可用任何 3 瓦以上、次级电压为 15 伏的电源变压器。

关灯提醒器

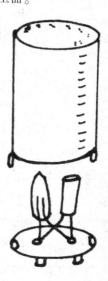

人们常常因为忘记关灯，而使卫生间、厨房等处的灯通宵照明，造成了浪费。这里介绍一个用日光灯启辉器做成的 "关灯提醒器"，能在你忘记关灯时，提醒你去关灯。

制作前应先将启辉器改制一下。启辉器中一般有 2 个组件，1 个氖泡和 1 个电容器，通常这 2 个组件是并联的，其示意图如图 6 - 25 所示。

将其外壳拆下，可见玻璃氖泡的 2 根引线与电容器的 2 根引线均分别焊在一个铜脚上。改制时应将其中任一铜脚上的 2 根引线（氖泡 1 根、电容器 1 根）都熔断

图 6 - 25

开，使它们悬空，哪儿也不接（但这两根引线要保持连接）用绝缘胶布包好。然后将另一铜脚上的另 2 根引线中任何一根熔下来，并改焊在已空出的另一铜脚上，这时氖泡和电容器已成串联。将外壳装回原处，别忘了先在外壳顶端开一圆孔，以便能看见氖泡燃亮后发出的光亮。

将改装后的启辉器与卫生间或者其他地方的灯并联，如图 6 - 26 所示，其中 D 为厕所照明灯、N 为氖泡、C 为电容器。这样当厕所灯燃亮时，氖泡就会同时燃亮。将启辉器安装在卧室或客厅的明显处，这样就能容易地发现卫生间的灯忘记关掉了。

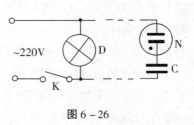

图 6 - 26

多用插座

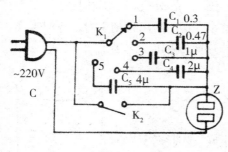

图 6 - 27

如果你按照图 6 - 27 组装一个多用的插座，就可以对家中许多电器进行调节，扩大其功能。图中 C 为插头，Z 为普通插座，K_1 为单刀五掷开关，因需流过大电流，应选用大型的。电容 $C_1 \sim C_5$ 均应选用耐压超过 250 伏的纸介电容器。

其调节功能如下：

（1）调节日光灯

把 8 瓦日光灯接进插座 Z。先闭合 K_2 使其燃亮。这时如果把 K_1 拨至第 2 接点（串入 C_2），将 K_2 断开，电流经 C_2 流入日光灯，使其功耗下降至 4 瓦，但亮度几乎不减，可节约电力。如果断开 K_2 前将 K_1 拨至第 1 接点（串入 C_1），则断开 K_2 后，日光灯功耗降至 2 瓦，仍能燃亮，但亮度降低，可做夜间长明灯用。

如果调节的是 40 瓦日光灯，则按照以上顺序，串入 C_4（2 微法），则其耗电降至 22 瓦，比其原耗电量降低 1/2 多，而亮度减低不大，仍相当于

30 瓦日光灯的亮度，这是 40 瓦日光灯效率最高的使用方法。

（2）调节电热毯

将电热毯插头接入 Z，闭合 K_2 使电热毯升温。一定时间后将 K_2 断开，使电流通过 K_1，经某个电容到达电热毯，使电热毯保持既达温度，又不会降温，也不会使温度不断上升，以至过热。单人电热毯可串入 C_2（2 微法），双人电热毯可串入 C_5（4 微法）。

（3）调节电风扇

电扇电源插头接入 Z 后，先闭合 K_2，使其启动，然后断开 K_2，可用 K_1 调节其转速，其转速下降程度从 C_5 开始逐渐增大，到 C_3、C_2 已使电扇处于微风挡，既省电，又舒适。如调至 C_1，可能因电流过小使电扇逐渐停止，不可用。

（4）点燃小电珠

当 K_1 拨至第 4 接点时，插座 Z 处可安全地点亮 6～8 伏的小电珠。拨至第 3 接点时（串入 1 微法电容），可点亮 2.5 伏手电筒用小电珠。这时切记不可闭合 K_2，否则会使小电珠马上烧毁。

浇水提醒器

适时浇水对花卉的健康生长，非常重要。浇水过勤，或浇水不及时，都会对花卉的生长产生不利影响，甚至造成死亡，越名贵的花卉，对浇水越要注意。可是掌握好浇水的时机，却是个不易掌握的技术问题。这里介绍的浇水提醒器可以轻而易举地解决这个难题。

浇水提醒器的原理图如图 6－28 所示。图中 DJ 为两个电极，插在花盆土壤里，可以用两个小不锈钢片代替。当盆中土壤含水量过低时，两电极间电阻增大，电源在此电阻上产生一定的电压降，从而成为三极管 BG_1 的基极偏压，使 BG_1 导通。BG_1 发射极电流又在电阻 R_1 上产生电压

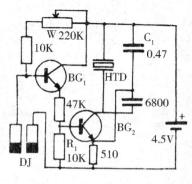

图 6－28

降，使三极管 BG_2 导通。BG_2 及其外围组件组成一个音频振荡电路，在压电陶瓷片 HTD 上发出振荡叫声，从而提醒主人："该浇水了"。

图中三极管 BG_1 及 BG_2 皆可选用 3DG6 型硅管，其放大率要大于 80。HTD 可用 φ27 毫米的压电陶瓷片，要安装助声盒。

调整时，可请一位有养花经验的高手帮忙。当他确认某盆花该浇水时，将电极插入该盆土中，调节电位器 W，使仪器恰恰起振发声即可。这时浇上水，仪器应停止鸣叫，注意此后不要挪动电极。

平时，浇水提醒器的三极管截止，耗电极微。有趣的是，当仪器鸣叫，提醒你该浇水了，如果你不浇水，则鸣叫声会越来越强，好像在抗议。调整 C_1 数值，可以改变鸣叫声的频率。

自动浇水器

把上一个"浇水提醒器"稍加改进，就可以制成一个"自动浇水器"，如果你短期不在家时，也可使你的花卉适时得到水分，不会干死。其原理图如图 6 – 29 所示。

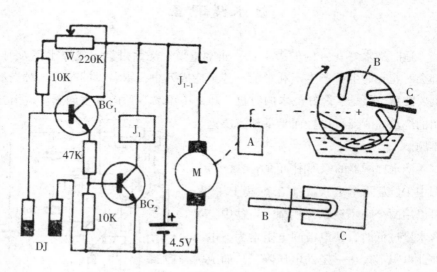

图 6 – 29

电路中原 HTD 位置换成一个高灵敏微型继电器。当盆土过干需要浇水时，BG$_1$ 及 BG$_2$ 皆导通，使继电器 J$_1$ 吸合，其常开触点 J$_{1-1}$ 闭合，电动机 M 转动，通过降速装置 A 带动运水盘 B 转动，将盆中的水盛起，通过集水板 C，引到花盆内。当水分充足时，电极 DJ 间电阻降低，BG$_1$ 及 BG$_2$ 截止，电动机 M 自动停止，浇水过程结束。

图中电动机 M 可以用 4.5 伏直流玩具电机。变速装置 A 可以用玩具汽车中的齿轮组，或到航模器材商店选购成品变速箱。运水盘 B 可用厚塑料板制造，沿圆周边打上若干斜孔，集水板 C 应有一凹口，以插在水盘一边，将斜孔中流下的水收集并引向花盆。这样，当你外出时，只要在水盆中放入足够的水，就没有"后顾之忧"了。

电子驱鼠器

这里介绍的电子驱鼠器能够发出逼真的猫叫声，使老鼠闻声而逃，其电路图如图 6 – 30 所示。

图 6 – 30 电路是一个间歇振荡器，1.2 千欧电阻及 470 微法电容可决定叫声长短及间隙长度。

图中三极管用 3AX31，电感线圈 L$_1$ 可用半导体收音机用的变压器的铁芯（截面积 5 毫米 × 7 毫米），用 φ0.1 毫米漆包线绕 1400 圈。L$_2$ 用同样铁芯，双线并绕 160 圈。HTD 为压电陶瓷发声片，需要加助声腔。

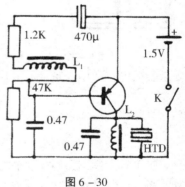

图 6 – 30

本机耗电极省，发声时耗电 0.6 毫安，无声时只耗电 0.1 毫安。

电子驱蚊器

蝙蝠是蚊子的克星，听到蝙蝠发出的声波，蚊子会立即退避三舍。这里介绍的电子驱蚊器能发出蝙蝠的声波，即频率为 28 千赫的超声波，达到

驱蚊的效果，电路图如图 6 – 31 所示。

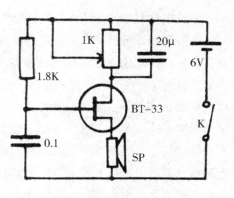

图 6 – 31 中扬声器 SP 用普通 8 欧的，电位器 1K 为调定音量之用，晶体管用 BT—33 型。

面团发酵测定器

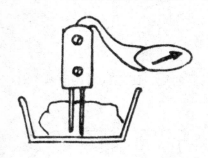

图 6－32

用两块长方形有机玻璃，将直径 φ1.5 毫米的铜丝、铝丝各 1 根夹住，两根金属丝水平间隔为 10 毫米，露出长度为 100 毫米，两丝可与微安表或万能表 300 微安挡相连，这样测定器就做成了，如图 6 – 32。

据试验，刚和好的面团，将测知器插进 80 毫米左右，可测出约 10 微安的电流。发酵好的面团，电流可达 100 ~ 200 微安。用碱中和后，如果测得电流为 50 微安，则表示酸碱度正适中，可放心入屉，保证不会碱多发黄或碱少发酸。

无线耳机

屋里有人读书、写字，你想听点什么只有用耳塞机了。可是有时你需要走动，这时只有把耳塞机放下，影响收听。这里介绍的无线耳机，可以方便地收听录音机、收音机、电视伴音等，而且无需用电线与机器相连。它是由两部分组成的：一是发射部分，另一是接收部分。

图 6 – 33 是发射部分，即用它把录音机等的音频信号发射出去，以备接收部分接受。图中变压器 B₁ 可自制：用截面积

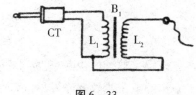

图 6－33

为 12 毫米 ×18 毫米的铁芯，初级 L_1 用 0.5 毫米漆包线绕 30 匝，次级 L_2 用直径 0.08 毫米的高强度漆包线绕 10000 匝。也可用电子管收音机用的输出变压器代用，但因其圈数少，效果较差。CT 为普通 3.5 毫米插头。L_2 一端接 L_1，另一端为 1 米多长的拖线。

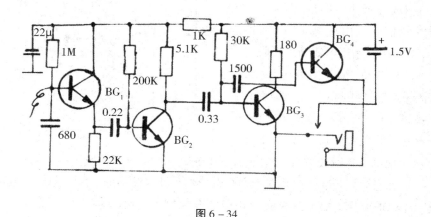

图 6 – 34

图 6 – 34 为接收部分。BG_1 基极连一拖线，该拖线接收到发射部分发出的信号后，经后边几个三极管放大，由耳塞插孔输出到耳机发音。其中全部三极管（$BG_1 \sim BG_4$）都用 3DG201A 型。耳塞孔需改制，即将原来长短簧片两接点，改成耳塞插头插入时接触，未插入时分开，起到附加的电源开关作用。

使用时，将发射部分的插头插进欲收听的录音机等的外接扬声器插孔，这时声音信号就可由拖线发射到四周。这时把耳塞机插进到接收部分上，就可听到录音机放出的声音。制作时，接收部分应做得尽量小巧，以利携带，电池用 1 节二号电池，可用 1～2 个月。

此无线耳机，在发射部分的 5～6 米方圆内，声音清晰、悦耳，是个既方便又不扰人的收听用品。

迷你无线话筒

这个无线话筒虽简单易制，但声音清晰、逼真，可在几十米内可靠地工作。全机组件不多，可连电源电池一并装在五号电池的小手电筒内，其电路图如图 6-35 所示。

图 6-35 中，由驻极体话筒（S）接收的声音信号，对三极管 BG₁ 组成的振荡电路进行调制，调制后的信号，由天线发出，可在 88~108 兆赫频段内清晰地接收。

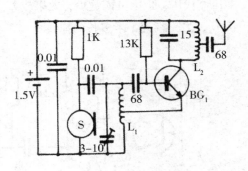

图 6-35

图中三极管可用 9018、1923 等低噪声管。线圈 L₁、L₂ 皆用直径 0.42 毫米的漆包线，绕成内径为 5 毫米的脱胎线圈，L₁ 6 匝，L₂ 5 匝。

L₁ 在距地端 2.5 匝处抽头，L₂ 抽头恰在中心位置。电容均应用高频电容。

全机连 1 节五号电池装在一个小电筒内，驻极体话筒 S 装在原电筒电珠处，原有玻璃片应取下，换成一相应的金属网。天线回路应装在下端，以便天线由电筒底部引出，天线系用一根 80 毫米长的软拖线。

该话筒几乎不需调整，如果工作状况不佳时，可以适当改动 1K 电阻的阻值。

迷你收音机

用 CMOS 门电路可以制成体积小而功效不错的微型收音机。这里介绍的"迷你"收音机是用一块四或非门集成电路 C039（5G803）制成，电路图如图 6-36 所示。

由图 6-36 可以看出，电台信号由磁性天线 L₁ 接收并与可变电容调谐后，输入门电路 F₁ 进行高频放大，放大后的信号经二极管 D₁ 及 D₂ 进行倍压检波。检波后的音频信号由门电路 F₂~F₄ 进行音频放大，由扬声器 SP 放音。

本机使用 6 伏电源，在电源电路中接有电容器（0.047 和 10μ）用来防止高频和低频自激振荡。

F₁~F₄ 的 CMOS 电路集成块可用四或非门集成电路 C039（5G803），也

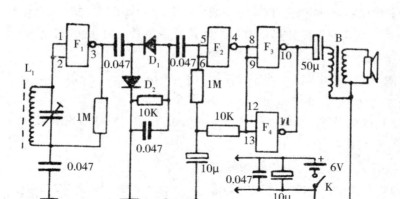

图 6 - 36

可用 C033（5G806）六反相器中的 4 个门电路代替，空余 2 个门电路不用。调谐电路的 L_1 和可变电容器可用普通半导体收音机用的磁棒及天线线圈与相应的可变电容，如 φ10 毫米磁棒用多股纱包线绕 56 圈，电容用 270 皮法的小型可变电容。输出变压器 B 即为普通半导体收音机用的，如为推挽输出，则初级只用一半。二极管 D_1 及 D_2 均可用 2AP 型。

电源线路两个引出线分别接 C039 的 14 脚及 7 脚。

本机装好后，不需调整，即可收音。

尿湿报警器 1

婴儿的尿布尿湿后如果不及时更换，会使婴儿睡眠不好，影响发育，还会引起湿疹、皮炎等皮肤病。按照图 6 - 37 线路制作一个尿湿报警器，只要尿布一湿立即有声光显示，使大人可及时更换。

图中 BG_1 和 BG_2 等组成振荡器，BG_3 为电子开关。当

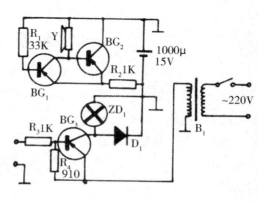

图 6 - 37

发送器因尿液而导电时，BG_3 即导通，产生一交变电压，经 D_1 整流后，向 C_1 充电，从而向振荡器提供电源，使其发出声音。与此同时，小电珠 ZD_1 同时点亮发光。

图中 B_1 为 10～12 伏小型变压器，BG_1～BG_3 可用 3AX31 或 3AX81，D_1 用 2CP 型整流二极管，通过电流应不小于 500 毫安，小电珠 ZD_1 可用 8～12 伏的指示灯泡，全部电阻应该用 0.25 瓦的。Y 可用 8 欧喇叭，R_1 数值决定信号音调。

发送器可以用一小块敷铜板制成，其尺寸如图 6－38，将中间铜箔除去，形成一平行电极。发送器两端用适当长度的软线接至 R_3 及地线间。

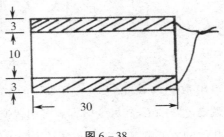

图 6－38

使用时，应把发送器放在尿布与胶皮三角布之间，即应与尿布接触，但不能直接接触婴儿身体。

这个仪器也可用于托儿所，这时可根据婴儿数目，将电子开关增加，即 BG_2 及其周围线路可制备多组，都并联接在振荡器上。这时各电子开关及振荡器可安装在保育员值班室内的一个木盒内，每个电子开关的电珠下可标示相应的床位号，每张床的发送器引线通到仪器上。当声光信号出现时，保育员可以立即看出是几号床的婴儿尿布湿了。

尿湿报警器2

这个报尿器比前一个零件少，装置简易，耗电省，可用电池供电，方便安全，其电原理图见图 6－39。

图中为一音频振荡器，平时不起振。当 R_1 及 R_2 之间的发送器因尿液而导电后，使 BG_1 基极有了负偏压，开始振荡，在喇叭中发出"报警"信号，叫大人来换尿布。

其中 BG_1 可用 3AX31 型，放大率应在 80 以上，穿透电流要小，否则费电。变压器 B 为晶体管收音机中的输出变压器，如为推挽输出变压器，则初级只用半个绕组。电阻可用小型的，电解电容 C 可用耐压 6 伏的。

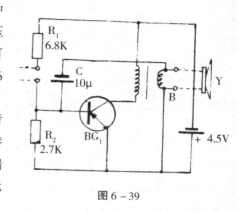

图 6 - 39

这个仪器的调整很简单，即暂时用一个 12 千欧左右的电阻，代替发送器，接在发送器的两个接线端上，这时应有振荡信号发出。如无声则可将变压器的初级（或次级）的两个接头互换位置，即可起振发声。

这个仪器发送器的制备方法参阅前一个"尿湿报警器 1"。

在不发声时，这个报尿器只消耗 300 微安电流非常省电，可不安装开关。3 节一号电池可用几个月。如果嫌声音太大，可将电源电压降至 3 伏。如果不起振，还可将发送器上的两条铜箔的距离适当减小。

第七章　保健仪器类电子制作范例

这里介绍的作品以保健类为主。鉴于目前市场上保健仪器较贵，自制保健仪器既有效，又实惠。

体温表

这个体温表使用一只运算放大器和一只热敏电阻，可测出 36℃～42℃的各挡温度，足够测量体温，其电路图如图 7－1。

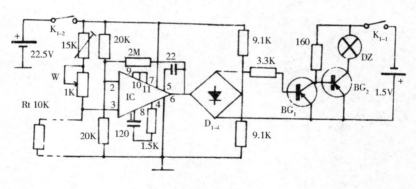

图 7－1

图中，由传感器热敏电阻 R_t 捡拾的信息，经集成电路 IC 放大，再经 D_1～D_4 组成的桥式电路整流，输出单向信号，经开关电路（BG_1 及 BG_2），由电珠 DZ 显示出来。当电位器 W 处于不同位置时，DZ 的亮度可表示不同的温度值。

集成电路 IC 用 FC3；热敏电阻用负温度系数的金属壳电阻 RRC－3J22，

标称阻值为 10 千欧。二极管 $D_1 \sim D_4$ 可用 2AP9，三极管 BG_1 用 3AX31，BG_2 用 3CK9 开关管，要求漏电电流要小于 100 微安。小电珠 DZ 可用 2.5 伏或 2.2 伏电珠。开关 K_1 为双刀单掷开关作高低压电源开关。22.5 伏电源可用层叠电池，1.5 伏电源可用五号电池 1 节。

把全机装在一个小盒内，电位器旋钮应伸出盒外并准备绘制刻度。热敏电阻 R_1 用软线由机内引出，热敏电阻半卡在一相应粗细的金属管上，顶端的引线即焊在金属管外皮上，另一引线端则从金属管内穿过。如找不到金属管，也可用较硬的塑料管，两引线都由管内穿行。

全机装好后即可进行刻度工作。用半盆温水，插入一温度计，当水温降至 42℃ 时，将热敏电阻探头插进水中，调节电位器 W，当 DZ 最亮时停止，此即 42℃ 的刻度线。用此法刻出 41℃、40℃……直到 36℃ 的刻度线即可。如果刻度范围不在此范围（即调 W 不能使 DZ 最亮），则可调整一下 15K 可调电阻的阻值。

使用时，打开开关，将热敏电阻探头放在腋下，调节 W 至 DZ 最亮，看一下 W 刻度，所示值即为被测人的体温。

电磁按摩器

近年来，国外科学家发现，通有微弱脉冲电流的电磁线圈，具有一种奇妙的治疗作用。例如，让割断了神经的鸡接受这种变化电磁场的处理，被割断了的神经竟会再生；受伤（断肢）的蝾螈在这种装置的作用下，断肢再生速度提高 4 倍。同样，对结缔组织的生长和各种伤口的愈合都有明显的促进作用。经研究，这是因为当线圈内通过微弱的脉冲电流时，会增强生物损伤组织的再生能力，加快脱氧核糖核酸的合成。

除国外有这方面的发现外，国内对电磁疗法也有了新的研究和推广。实践证明，电磁疗法对关节炎、神经痛和胃肠轻度不适确有良好的治疗作用。

这里介绍一种简易实用的电磁振动治疗器，制作较方便，适用于关节炎或关节扭伤和腰部酸疼等症状。

将较大的硅钢片剪成长 30 毫米、宽 14 毫米的长方形片，剪后务必保持

平整，叠成厚 14 毫米的一叠。如果有现成的"山"字形硅钢片，也可叠成使用。如图 7-2 所示，剪一条长 90 毫米、宽 40 毫米的硬纸，沿长度方向，分成间隔 20 毫米的 4 格，画出虚线，折成一长方柱形。用胶水粘住接头处。用硬纸剪成长与宽均为 50 毫米的 2 片方块，粘牢在长方形框的两端。待干后，将直径为 0.25 毫米的漆包线均匀密绕在线框上，共绕 3200 圈左右，用薄纸包住线圈，外面用胶布缠住，同时留上较长的引出线。

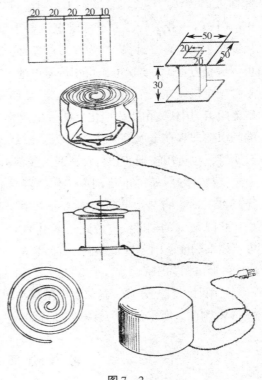

图 7-2

将剪好的硅钢片插入方框内，尽量塞紧，如果用"山"字形硅钢片，可把绕好的线架套在突出的中心片上，也应尽量塞满。硅钢片上有螺孔的话，应该用螺栓夹紧（如果无螺孔，可剪两条狭铁皮，铁皮两端钻孔，同样用螺栓紧固）。如果不将硅钢片紧紧夹住，通入交变电流后，会发出响声。

在套有线圈的硅钢片上盖一张塑料片。找一段内径为 70 毫米、高约 50 毫米的竹管，锯一厚约 5 毫米的圆木片，木片直径也是 70 毫米，用万能胶或环氧树脂胶牢在管底，做成一只圆盒。

用木螺钉把线圈架的底板固定在圆盒的底部，盒底开一小孔，把两根导线的头部穿入孔内，与线圈的两根引出线铰接并焊住，分别用黑胶布包住，然后用小螺钉套上垫圈后压紧在盒底。

用较粗的铁丝弯成螺旋状，铁丝的直径约 3 毫米，其外圈的直径（在松开状态）可略大于竹管内径。在方木线圈架板上面盖一张硬塑料片或硬纸片，把铁丝绕成的螺旋圈嵌在竹管口（盖在塑料片上面）。

找一块黑布（最好是黑丝绒），做一只正好能套住此竹管的圆筒形口袋，从螺旋形铁丝上套入，在盒底收口，即把这一电磁振动器全部包住。

使用时将导线端部的接上插头并插入220伏的电源插座，就可听到轻微的嗡嗡声，将盘有铁丝螺旋圈的那头压在感到酸痛的部位，不一会就能有一种舒服感。大约可连续使用半个多小时，如不感到发烫，还可继续使用更长的时间。

制作时应选用绝缘漆未损坏的漆包线，导线连接处要包好绝缘胶布。使用时不要让它受潮。由于盒身用竹管、木板做成，较为安全。如果你有36伏低压变压器，还可以绕制一只低压电磁振动器，那么使用时更安全了。

这种电磁振动器的工作原理是：当线圈内通有交变电流时，铁芯内相应地产生交变磁力，引起铁丝圈上下振动。将电磁振动器贴在关节或腰上，除了有变化磁场的作用，还有机械振动的按摩作用，有利于促进血液循环。

气功治疗机

这里介绍的气功治疗机可以模拟气功师发放外气，对患者进行穴位治疗，使用方便，功效不错，其电路图如图7-3所示。

图7-3中，电路能产生双尖波脉冲信号，其频率由电位器 W_1（68K）控制，可在每分钟变化 10～120 次。氖管为输出指示用。一般病轻者应选用较高频率。

图中三极管 BG 可用大功率锗管3AD6。变压器 B 可用截面积 10 毫米×10毫米的铁芯绕制，用 φ0.08 毫米漆包线，先绕 L_4，绕 4000 匝；再绕 L_1、L_2 和 L_3，都是 60 匝。A、B 两点连接两个输出电极，可用两个 φ50 毫米的铜片，使用时在铜片外包一层纱布，再用酒精浸湿即可。

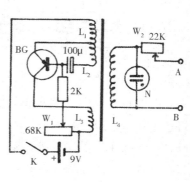

图 7-3

使用时，将两电极放在治病的穴位上，先将输出强度调节电位器 W_2

（22K）调至最小，打开电源开关，慢慢调大 W_2，使患者有脉冲感觉并舒适即可。治疗时间每次不应超过 10～15 分钟，每天 2～3 次。

本机用直流低压电源，安全性较好。

电针仪

用穴位疗法配合使用电针仪可大大提高疗效，尤其在治疗扭伤、腰腿痛等病症时，稍有医学常识者即可自行施治。这里介绍一个电针仪的制作方法，此电针仪实际是一个单管间歇振荡器，导通时间极短，与断通时间相比，比值可达数千，原理图见图 7－4。

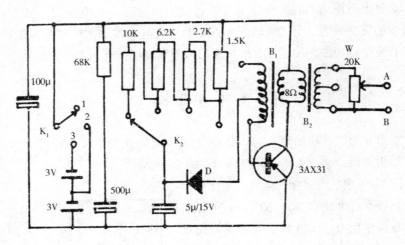

图 7－4

图中开关 K_2 为单刀四掷开关，为选择振荡频率之用，其高低频率之比可达 500。变压器 B_1 和 B_2 均为半导体收音机用小型推挽输出变压器，将 8 欧音圈线圈并联，B_1 初级一端空出不用，B_2 初级中心抽头空出不用。三极管还可选用 3AX81，3AX85 等。二极管可用 2CP 型。输出 A、B 两端各连接一铁夹（可用鳄鱼夹）。

调试时，用一高阻耳机接在 A、B 端，开机后应有"嘀……"的振荡声，否则应将 B_1 初级线圈反接。

使用方法有两种。先用毫针刺入穴位，然后将 A、B 各夹在两根毫针上，将电位器 W 逐渐调大，至有足够针感，而无不适感觉时为止（开机前勿忘先将 W 调至最小）。这时应将单刀三掷开关调至第 2 挡，即采用 3 伏电源电压。还可进行体表穴位治疗，即不用刺针，直接用夹子端部接触相应穴位（最好夹一小块浸盐水的纱布块），调节 W 适度。这时应选用电源电压 6 伏，即 K_1 调至第 3 挡。

注意，A、B 两端不可短路，以免损坏仪器。

穴位电疗器

本机线路简洁，组件不多，但效果很好，输出幅度大，频谱丰富，脉冲周期及幅度均可调节，可找出最佳输出点。

图 7-5 中，复合三极管 3AX31 和 3AD6 与电感等组件组成多谐振荡器，振荡信号由 L_3 感应输出。4.7K 电位器用来调整输出强度。线圈 L_1、L_2 和 L_3 均绕在晶体管收音机用小型输出变压器铁芯上（截面积约 5 毫米×7 毫米），L_1 绕 25 圈，L_2 绕 30 圈，L_3 绕 330 圈，均用 φ0.13 毫米漆包线。注意线圈的同名端方向，

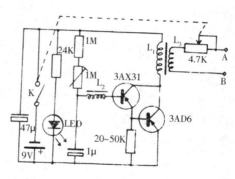

图 7-5

有黑点处均为始端。发光二极管 LED 为开机指示用，也可不设。

调整时，可通过 1M 可调电阻使全机电流为 1~2 毫安即可。

A、B 接两个输出电极，可在导线端部焊一铜片，包上纱布，再放进适当的塑料瓶盖里，用时将两极用水浸湿，放在相应的穴位上。开机后，慢慢将电位器调大，至刺激强度适中即可。

梦呓防治器

有人睡觉时常说梦话，不但妨碍别人休息，也常暴露一些个人的隐情，至为苦恼。对此种"病症"，医学上尚无有效的治疗方法。这里介绍一种电

子治疗器，不妨一试，线路图如图7-6所示。

当话筒 M 接受到睡眠者梦呓的声音信号后，经 BG_1 及 BG_2 放大变成电信号由 B 次级输出。此次级线圈两个输出端分别接在梦呓者的手指两端，使梦呓者受到电刺激（放心，不会"触电"，因此刺激信号虽高达100伏，但电流极小）而醒来停止梦呓。久而久之，可望改掉梦呓的毛病。

图中话筒 M 应使用动圈话筒。升压变压器 B 可利用音频变压器铁芯自制。初、次级线圈均用直径 0.08~0.1 毫米的漆包线绕制，初级为100圈，次级为5000圈。如果使用者睡眠较实，本治疗器不能使其惊醒，则可适当增加次级圈数，提高刺激电压。

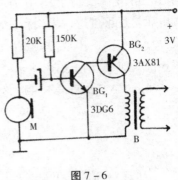

图 7-6

使用时，将 B 次级引线端部绝缘皮剥去，拧成圆环，套在无名指的指根及指前部，将话筒放在嘴旁。

在正式使用前，应在清醒状况下戴好手指两引线，向话筒说一句话，试验一下电刺激情况，是否因体质关系不能忍受（尤其是心脏病及血压高患者，应慎用）。

催眠器 1

这里介绍的催眠器可以发出轻微的低音节拍声，催眠效果好，同时节拍频率稳定，还可配合低频放大器作节拍器使用。线路图如图7-7所示。

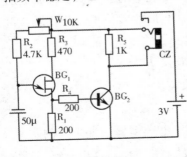

图 7-7

场效应管 BG_1 等组成张弛振荡器，其振荡信号经三极管 BG_2 放大后，由插座 CZ 输出至耳塞机放音。

图中场效应管 BG_1 可用 BT-31 或 BT-33等。BG_2 用 3DG12 等，要求放大率在 50 以上，耳塞机应选用高阻抗的。注意插座 CZ 必须经过改制，将常闭接点改为常开，只在耳塞插头插入插座时，该两接点才闭合，从而接通电源。

本机焊好后能立即工作，无需调试，电位器 W（10K）为调节振荡频率之用；一般以每秒 3 次为宜。

如果在 W 旋轴外画上频率刻度，则本机可当做节拍器用，用双插头连接线，把 CZ 输出的节拍信号引到低频放大器输入端，即可发出稳定的节拍声。

催眠器 2

这个催眠器用料节省、经济耐用，能在发出连绵不断的雨声同时，显现微弱的闪光，以加强催眠效果。它不用电池，而且使用时只需插接市电 5～6 秒，然后拔下插头，即可工作 1 小时，安全可靠。其电原理如图 7－8 所示。

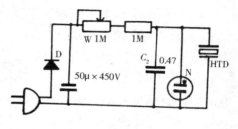

图 7－8

当电源插头接入 220 伏交流市电时，交流电经二极管 D 向 50μ 电解电容充电。5 秒后，该电容充电完成，这时拔开插头，由 50μ 电容充做电源，经电位器 W 及 1 兆欧电阻向 C_2 充电，当 C_2 电压达一定值后，氖泡导通发光，同时压电陶瓷片 HTD 发声，C_2 放电后电压下降，氖泡熄灭，HTD 停止发声，这时 C_2 又开始充电，重复前述过程。于是氖泡及 HTD 断续发光发声，起到催眠作用。电路中的电位器 W 可调节声光频率，以达最佳催眠效果。

图中 50μ 电容必须用耐压 450 伏的，氖泡 N 可用试电笔用的氖管，压电陶瓷 HTD 可用 φ27 毫米的。二极管 D 可用 2CP24 等。0.47 电容也应用耐压 400 伏的。

全机可装在一个小盒里，HTD 用万能胶粘在盒的一面，以提高音量。用时，将插头插入市电插座 5 秒，然后拔下插头，将小盒放在枕头旁，即可熄灯睡觉。

催眠器 3

这个催眠器用悦耳的音乐声来催眠，对某些人，催眠效果可能更好。演奏时间、音量、速度均可调节。原理图如图7-9所示。

左边是定时电路，控制电路工作的时间，按图中数据，最长延时为40分钟。调节电位器 W_1，可改变延时时间。

右边为由音乐集成电路IC组成的音响电路。当按一下开关AN后，定时电路开始工作，BG_1 导通，向IC供电，扬声器即放出悦耳的音乐声。电位器 W_2 可控制音量大小，电位器 W_3 则可控制音乐播放速度。

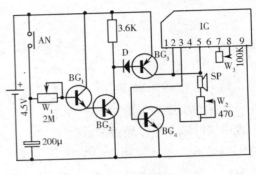

图 7-9

图中IC用CIC2851AE，当然也可用其他型号的音乐IC，只是注意管脚接线不要搞错。三极管 BG_1、BG_2 和 BG_4 均用3DG6，放大率均应在100以上，但也不宜超过200，BG_3 用3CG21等PNP管，放大率不能小于50。二极管D可用任何2CP型管。SP用8欧的扬声器。

如果要提高定时时限，可以增大200微法电容，如增至300微法，定时时间可达1小时。

催眠器 4

这个催眠器插入耳机即可听到有节奏地催眠声，同时一只发光管也有节奏地亮灭，以增加催眠效果。1小时后全机会自动停止工作。

电路图如图7-10，使用一块CMOS集成电路CO330。插座CZ经过改装，当插入耳机插头时，两个动接点即被闭合，电源接通，这时因470μ电容正在充电，故 F_1 输出高电平，使 F_2，F_3 构成的节拍振荡器起振，以1赫的频率振荡，控制 F_4 和 F_5 以1000 赫的频率间歇振荡，经 F_6 输出，使 LED 闪光，耳机发出节拍声。

1 小时后，470μ 电容充电完成，电量提高，使 F_1 反向之输出低电平，全机停止工作。这时只耗电 0.5 毫安。

图中二极管 D_1、D_2 可用2CZ82。按钮开关为短路 470μ 电容之用，可使电路在停振后，能立即重新开始工作。

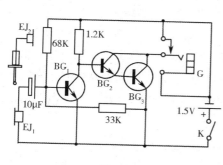

图 7-10

耳机用 8 欧或高阻的均可。不用时，应将其拔出，以切断电源。

助听器 1

这里介绍的助听器组件少，简单易制，适合于耳聋不太严重的老年人。

图 7-11

原理图如图 7-11 所示。EJ_1 为阻抗 8 欧的耳塞，在这里当做话筒用。外来信号经 EJ_1，电解电容（10μ），进入 BG_1 基极。该信号放大后又直接耦合到复合管 BG_2、BG_3 进一步放大，然后从插孔 G 输出。放音耳塞 EJ_2 亦使用低阻耳塞。三极管 $BG_1 \sim BG_3$ 皆可用 3DG6 型。

调整时，可通过调节 1.2K 电阻的数值使整机电流控制在 2～4 毫安之间。如产生振荡（有鸣叫声），则可在 BG_1 基极与集电极间并接一个 200～470 皮法的电容。

全机可装入一个扁形小盒中（如"速效救心丸"的小盒），注意小盒正面应开一圆孔，以将 EJ_1 的声孔露出。使用时，应注意将此孔朝前，勿朝向身体。电源用 1 节五号电池，可用 3 个月以上。

助听器2

耳塞式助听器是利用空气传导听声的，长时间戴耳塞，会使人有不舒服的感觉，这里介绍的骨导式助听器用骨导头代替耳塞，可消除这种弊病。

骨导式助听器的电路如图7－12所示，前三级为直接耦合式反馈放大电路（$BG_{1~3}$），增益高，工作稳定，同时由于没有耦合电容，故通频带宽，失真小。BG_4基极回路中的二极管 D 起温度补偿作用，也起一定的自动音量控制作用。

话筒 M 采用驻极体电容

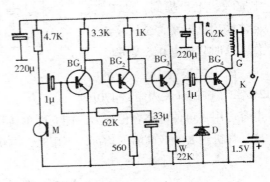

图 7 － 12

话筒，灵敏度高、音质好。电声转换采用市售助听器用骨导头（G），使用时将其紧贴在耳后乳突或乳突上方均可，通过骨骼将声音信号传送至听神经。三极管 BG_1、BG_2 及 BG_3 均用 3AX23，业余品也可以，但放大率不能太低；BG_1 及 BG_2 应为 110 左右，BG_3 则应大于 250。BG_4（3AX81）要采用正品管，放大率应为 150 左右，集电极反向电流要小。二极管 D 应选用锗管，如 2AP 型或 2AK 型。为缩小整机体积及提高音质，两处 1μ 的电解电容都应选用钽电容。音量电位器也可用可调电阻代替。

本机的调整很简单，接入电源，将音量电位器 W 调至音量最小位置，这时改动 6.2K 电阻数值，使 BG_4 的集电极电流为 4 ~ 5 毫安即可。然后将音量电位器调至声音最大位置，通过改动 BG_1 基极电阻（62K）的数值，使声音响亮而且失真最小，调整即结束。

助听器3

这个助听器为三级直接耦合放大，放大率高，可加入反馈电路及高频旁路等，并使用驻极体电容话筒，故音质较好，噪音较低。

如图7-13，话筒 M 可用市售普通驻极体话筒。耳机 EJ 要用高阻耳塞机（200 欧以上的）。2.2K 电阻最好用温度补偿型的。音量由电位器 W 调节。三极管 BG$_1$ 可用 3DG200C，BG$_2$ 用 3DD200C，BG$_3$ 用 3DK201。如上述三极管不易买到。则 BG$_{1\sim2}$ 可用 3DG6，BG$_3$ 可用 3DG12 或 3DK4 等。当然这时效果较差。

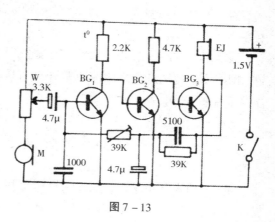

图 7 - 13

此机只要组件无误，接线正确，则不需调整，即可正常工作。

注意，驻极体话筒灵敏度相当高，安装时，应使其正面比整机外壳略低，以避免话筒正面与使用者衣服摩擦而产生"沙、沙……"的噪声。

助听器 4

用集成电路可以装成组件少、灵敏度高的音频放大器，可做效果不错的助听器，其电路图如图7-14所示。

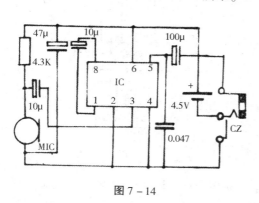

图 7 - 14

集成电路 IC 是小功率放大集成电路 LM386。声音信号由话筒 MIC 接收，送入 IC 正向输入端，经集成块放大后，由第 5 脚输出，由插在插座 CZ 上的耳塞机放音。IC 第 1、8 脚之间的状况可改变本机放大率：如图所示，串接 10 微法电容，放大率为 200；如再串入 1.2 千欧电阻，则放大率降为 50；如将该两脚开路，则放大率只有

20 倍。所以可以根据佩戴者耳聋程度，调节适当的放大率。

如果电路出现自激，可将 IC 第 4 脚改接第 7 脚，中间串一个 2.2μF 电容。

话筒用 CRZ2—9 驻极体话筒，耳塞机用低阻的（8 欧）。插座 CZ 需改制，即把原来短接点由常闭改成常开，当耳塞插头插入时，该两接点才闭合，即用来作为电源开关。

助听器 5

这个助听器简单易制，既能当助听器用，又能当收音机用收听电台的节目。

电路图如图 7 - 15 所示，图的上部是一个普通的直线放大、推挽输出式收音机。B_1 为磁性天线，B_2 为输入变压器，B_3 为输出变压器，播音节目由扬声器 Y 放出。

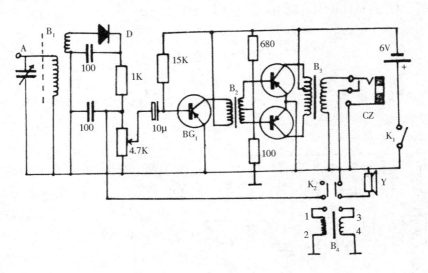

图 7 - 15

图下方的双刀双开关 K_2 及 B_4 为新增组件。B_4 是一个输出变压器，当 K_2 搬向下方时，扬声器成为助听器的话筒，接受外界声音信号，经 B_4 将信号传输至 BG$_1$ 基极，经放大后由插口 CZ 输出（可用一低阻耳塞机），这时即为助听器。

图中二极管 D 可用 2AP 型，三极管 BG$_1$ 可用 3AG 型高频锗管，BG$_2$ 及 BG$_3$ 可用 3AX31，参数应尽量接近。

全机装好后，几乎不需调整，如灵敏度低可调整 15K 电阻的数值，如声音小或失真，可调整 680 欧电阻。

使用时，开关 K$_2$ 在上时为收音用，可用扬声器放音，也可用耳机插入 CZ 收听。K$_2$ 在下方位置时，为助听器，只能用耳塞机收听。

探穴器

穴位治疗（如针刺、按摩等）要求找到准确的穴位。穴位具有比周围皮肤低得多的电阻，尤其是反映脏腑病变的穴位，电阻更小。利用这一点可制成简单准确的探穴仪器，图 7 - 16 所示为电路原理图。

该探穴器的基本电路是间歇振荡器，两个探极（A、B）间的电阻值可决定振荡频率的

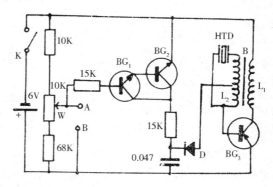

图 7 - 16

高低，电阻越低，频率越高，发出的振荡声越尖锐。当两极间电阻过大（即两极处于非穴位时），振荡器停振，没有声音。据此可以找到穴位的准确位置。

选择组件时，BG$_1$ 及 BG$_2$ 可用 3DG12，BG$_3$ 可用 3AX31。变压器 B 可用半导体收音机的输出变压器。扬声器 SP 用压电陶瓷片，或用高阻耳机。探极 A 为"探笔"，可用直径 1 毫米的铜线，将尖端绝缘皮剥去 5 毫米，并锉圆滑，B 为"手极"，可用厚 1 毫米的铜片剪成 15 毫米 ×50 毫米的长方块，将四周锉光滑，焊上引线。

全机装好后打开电源开关 K，将电位器 W 调至最上端，应该没有声音，否则为电路板漏电严重。将 W 调大，在 1/2 处应有振荡声，否则应将变压器 B 的 L_1 端点对调。接下去将 A、B 短路，这时振荡声频率应在 1 千赫左右（音调高低适中），过高或过低都应改变 0.047μ 电容数值。

使用时，先调 W 刚出现振荡声时，再将 W 退回一点，使处于发声临界点。让患者紧握"手极"，用"探笔"垂直在预计穴位处滑动，不应压力过大，也不应在某处停留过长，以免产生虚假反应点，一旦触在病穴处，扬声器应发声，而且穴位处有电刺感。

如皮肤上有汗，应擦干并将 W 再调低些。禁止在伤口处进行探穴。

由于本机采用复合管，所以灵敏、准确，而且电流小，无刺痛感。

耳穴探位器

按压耳穴治病是一种简便有效的方法，但在穴位密集的耳郭上，找到相应的穴位却不是一件容易的事，这里介绍的探位器能解决这个问题，如图 7-17 所示。

A、B 是两个测棒接点，测棒可用 10 厘米长的直径 2.0 毫米铜线制作。用导线与 A、B 连接。插口 CZ 处接一高阻抗（800 欧）耳机。操作时，患者一手握一测棒，操作者戴上耳机持另一测棒，垂直在耳廓相应部位滑动，当耳机中出现振荡叫声时，该点即为病穴。

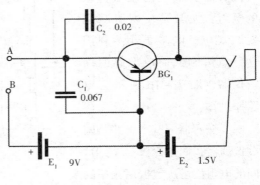

图 7-17

图中三极管 BG_1 可用任何 3AX 型管，如 3AX31 或 3AX81 等。9 伏电源可用层叠电池，1.5 伏可用五号电池。本机非常省电，制作费用极低。

耳穴探测器

这个耳穴探测器的电路如图 7 – 18 所示。图中三极管 BG$_1$ 可用 3DG6，放大率不宜太小，应在 80 以上。接点 B 应接一适用手握的电极，如废的大型电解电容外壳，A 应接一探针，可用直径 1～2 毫米的塑皮硬铜线制成，尖端应剥去 5 毫米长的塑皮，并将头部磨圆滑。

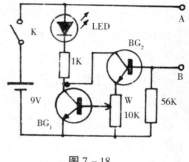

图 7 – 18

调整时，在 A、B 间接一个 300 千欧电阻（代替人体电阻），调节电位器 W（10 千欧）使 LED 发光二极管刚刚发光即可。W 即可锁定，以后不再旋动。如还没接 300 千欧电阻，一合上开关 K，LED 即已有微光，则说明三极管 BG$_2$ 漏电流太大，应更换之。

使用时，让被测者用与被测耳同侧的手握住 B 电极，另一人用 A 探针在该人耳朵相应部分慢慢滑动，当 LED 最亮时，该处即为欲找穴位。

健身计步器

许多慢性病患者在遵医嘱进行步行锻炼时，常需计算步数，以控制运动量。市售的计步器价格昂贵，这里介绍的计步器只用一个计算器（如市售 838 型计算器），加上几个电子组件即可。

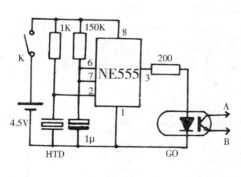

图 7 – 19

如图 7 – 19 所示，集成电路 NE555 接成单稳态触发电路，只要压电陶瓷片 HTD 受到微小的冲力，其产生的压电信号就可使 NE555 反转，在第 3 脚输出一个高电平，驱

第七章　保健仪器类电子制作范例

动光电耦合器 GO 导通，从而在输出端 A、B 输出一个足够大的电信号，推动接在 A、B 上的计算器累加一个数字。

图中的 GO 可购买成品，也可自制。它实际上是 1 个发光二极极管和 1 个光敏三极管。选用一个红色集束光发光二极管（即二极管顶端有一透镜形包壳）和一个 3DV2、3DV5 等光敏群极管，将两者相对塞入一小段塑料软管中即可，使二极管发的光，正好射到光敏三极管的管顶上。把计算器内" ＝ "号键两端用细电线引出接到 A、B 上。

全机连同计算器可装在一个小盒里，将 HTD 固定在适当位置，并在其中间粘上一块重物（小铁块或小铜块均可），以使每行走一步，HTD 都可振动一次，即接收一次冲击力。电源电池可用 3 枚计算器用纽扣电池（因本机耗电极微）。

使用时，先在计算器上按动"1"" ＋ ""1"" ＝ "四个键（即进行"累加"计算），然后打开电源开关 K，将小盒装入袋中，即可开始步行锻炼。这样，每走一步，HTD 都受一次冲动，使 555 反转一次，在计算器上即累加一个"1"。最后看一下计算器上的显示数，即为行走的步数（严格地说，还得减去"2"）。

心脏监护仪

心脏病人有时在夜间睡眠时，会发生意外变化，这时如果能及时发现，采取急救措施，常能转危为安。这里介绍的监护仪能够在病人心跳过缓发生紧急情况时，立即开始声光报警，以叫醒家人及时施救。

由图 7－20 的电路图可看出，由话筒 HT 检查心跳信号，经 BG$_1$ 等放大整形后，控制由 1/2J210 组成的单稳态触发电路。当病人心跳高于每分钟 40 次时，电路不动作，但当发生意外，病人心跳次数降低时，J210 触发，使由 BG$_2$

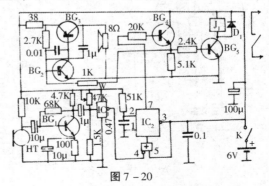

图 7－20

及 BG$_3$ 组成的振荡电路起振发出报警声，同时也使由 BG$_4$ 和 BG$_5$ 组成的放大电路导通，使继电器 J$_1$ 吸合，打开电灯，发出报警光信号，惊醒看护人员。

图中 IC$_1$ 用 1/2CH40106，IC$_2$ 用 1/2J210 集成块。三极管 BG$_1$、BG$_2$ 及 BG$_4$ 可用 3DG6，BG$_3$ 用 3AX31，BG$_5$ 用 3DK4 或 3DG12。继电器 J$_1$ 可用 JRX – 13F – 1 型，电压 6 伏直流继电器。话筒 HT 可用市售驻极体话筒，注意其正确接线。

全机可装在小盒内，话筒 HT 用线引出，固定在病人胸前心脏处。报警扬声器也可用引线安装在看护人员休息的另一房间。

如果组件可靠安装无误，装好后可打开电源，扬声器应发声，继电器应动作，调节 BG$_3$ 的 38 欧电阻及 1μ 电容可使声音频率改变，音量适中。然后将话筒放在正常人心脏或手腕部位，调整 BG$_1$ 的 68 千欧电阻，使声音最大。最后旋动电位器 W（47 千欧），在某一点报警声停止，将 W 锁定，全机即调好。

意外求助器

患心脏病的老年人，遇到心脏病突然发作，如果有人能及时抢救，常会转危为安。这里介绍的意外求助器能使旁人能及时发现意外者，原理图如图 7 – 21 所示。

由图 7 – 21 可看出，本仪器其实是一个音响电路，控制音响电路工作与否的是一个特制的水银开关。病人将本仪器放在上衣口袋中，平时人处于直立位置，水银开关处于断路状态。当病人意外倒地后，本仪器转为平放位置，水银开关立即接通，使音响电路立即工作发声报警求救。

图中音乐 IC 用 DK – 9562，或

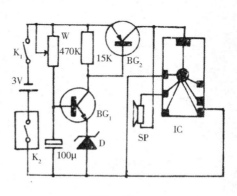

图 7 – 21

其他任何音乐电路。三极管 BG$_1$ 用 3DG6，BG$_2$ 用 3AX81。二极管 D 用 2CW13。扬声器 SP 用小型 8 欧的。开关 K$_2$ 是水银开关，需自制。找一个直径约 6~8 毫米、长 30 毫米左右的塑料小药瓶和一个橡胶塞子，上边钻 2 个小孔，一个小孔穿过一根铁丝进入小瓶内，底端卷成外径 4 毫米、长 15 毫米的弹簧状，此为开关接点之一。另一小孔也穿进一铁丝，瓶内部分也卷成小弹簧状，但勿与另一铁丝相碰，此为开关另一接点。最后灌入半瓶水银，开关做好了。当小瓶倾斜时，水银即可将两铁丝（接点）联通，如图 7－22 所示。

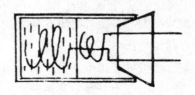

图 7－22

图中 BG$_1$ 及 BG$_2$ 组成延迟电路，即只有当开关 K$_2$ 连通状态延续一定时间之后，才能使音乐 IC 触发放音。这是为了防止由于患者弯腰动作或偶尔晃动身体使报警器误动作。根据图中数据，本机的延迟时间可在几秒~几分之内调节，用电位器 W（470 千欧）加以控制。

全机可装在一小巧的盒里，也可与急救药盒装在一块，盒外可贴上一张纸，写上"本人有心脏病，请帮我服一粒……药，药在小盒内"等文字。

·►► 第八章　安全防范类电子制作范例 ◄◄·

　　这里介绍的电子制作均为日常生活中安全防范的作品，很实用，值得动手做一做。

防盗铃

　　这里介绍的防盗铃，除了可作防盗用之外，它还可以兼作夜间照明的长明灯。一旦所布置的牵引线被扯脱或扯断之际，长明灯的亮度就会随之而转暗，接正电路中的电铃立即发出响声报警。

　　这是一个用交流电的防盗设施，如图8-1所示，整个防盗铃所用的配件是：电铃变压器、电铃、小电珠，另外还需要一些电线之类。电铃变压器在本器中是主要的零件，应该购买质量好一些的。电铃最好用3伏的。小电珠要用电流较大的一种，市售的有0.5安较合适。

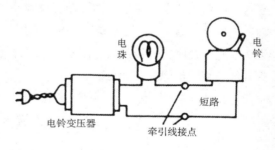

图8-1

　　几种零件的连接如图所示，电铃和小电珠是接成串联的，防盗用的牵引线是一根导线，在平时它将电铃短路，当导线被碰脱或碰断之后，电铃就经由小灯泡得到电流而发出响声。为了使防盗的效果突出，这根导线应该用线径较细的、易于扯断的，或者使它易于被扯脱。

钱包防盗器

这是一个简单但工作可靠的防盗报警器，如图 8－2 所示。

平时，用一插头（不连导线，只拴牢一尼龙细绳）插入该防盗器插座，电源断开，这时将尼龙绳另一端勾在钱包上，把防盗器及钱包一起装入衣袋里。当有人偷出钱包时，一并将插头拔出插座，防盗器电源接通，振荡声大作，向主人报告，钱包被盗了。

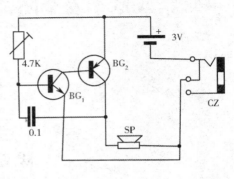

图 8－2

如果将图中扬声器换成压电陶瓷片，则本机可做得很小（电源电池可使用纽扣电池），这时可将防盗器放入钱包中，将插头的尼龙绳固定在身上。当有人偷走钱包时，插头被扯出，报警声大作，向主人报警，同时也可指出钱包所在的位置，即可循声找到。

图中三极管 BG_1 可用 3DG6，BG_2 可用 3AX31 或 3AX81。插座 CZ 用普通 3.5 毫米插座，地线接点空出不用。附件插头也用直径 3.5 毫米的，不用焊导线只用一细绳拴牢即可。

提包防盗器

当你在拥挤的商场购物，如果有人偷偷地拉动你提包的拉锁图谋不轨时，这个防盗器就会立即发出报警声，告诉你小心财物。

电路图如图 8－3 所示，反相器 F_1 及 F_2 组成"传感器"。当有人触碰一下 A 点后，F_1 输出高电位，从而使由 F_3 及 F_4 组成的振荡器起振，经三极管 BG_1 放大，推动压电陶瓷片 HTD 发声报警。F_2 的作用是"记忆"，即只要碰一下 A 点，F_2 就能使 F_1 保持输出高电位状况，使报警声不停。

图中 $F_1 \sim F_4$ 可用六反相器集成块 C033，只用其中 4 个。三极管 BG_1 用

3DG6，二极管 D 用 2CP 型即可。HTD 用 φ27 毫米的压电陶瓷片，最好配上助声腔。图中 C 点应接 C033 第 7 脚。电源可用层叠电池，如果集成块质量好，电源电压最低可降至6 伏。

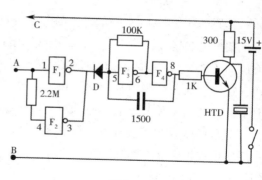

图 8－3

整机连电池可装在一小盒内，用软引线将 A、B 引出。A 点可连接在拉锁拉头上。B 点可暗中引至提包的提带处，使用人应随时与 B 点引线保持接触，即用手接触 B 引线（剥掉绝缘物）。这样当有人触碰拉锁拉头时，该人与提包使用者形成电容电场，使报警电路动作。

为了更加安全，还可在提包内部两侧放两片金属网（如金属线窗纱），并使该网与 A 点作电气连接。这样如果有人割破提包行窃时因其刀片触及金属网，即相当用其拿刀片的手触及 A 点，同样可触发报警电路。

如果要停止报警声可将开关 K 关断。稍停后再闭合，使防盗器继续工作。

本机静态电流极小，故极省电。

行李防盗器

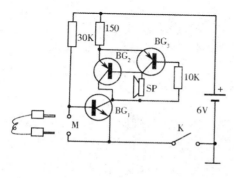

图 8－4

当我们乘摩托车或自行车出行时，稍不注意，系在后架上的行李包裹常会因颠簸而脱落，待发现时早已经无法找回了。

这里介绍的防盗器可以防止出现这种不幸。当行李因系绳松动而掉落时，这个防盗器立即发出鸣声报警，使你能及时停车，捡回脱落的行李。

其原理图如图 8-4 所示，M 为两个香蕉插口。C 为两个香蕉插头，用一根塑皮电线连接，使用时，将该电线固定在行李上，然后插入插口 M。这时虽闭合开关 K，但因两插头使 BG_1 基极对地短路，不能导通。如果行李脱落，连带使插头 C 脱离插口 M，BG_1 基极与地开路，正电压经 30K 电阻加到 BG_1 基极上，使其导通。连带着又使音频振荡电路的 BG_2 及 BG_3 导通起振，于是扬声器 Y 就会发出低频信号，提醒车手："行李掉了。"

图中三极管 BG_1 可用 3DG6，BG_2 及 BG_3 可用 3AX31，扬声器 Y 为音圈阻抗 8 欧的普通扬声器。

全机可装在一小盒内，使用时固定在后车架下边。

如果变通一下插头线 C 与行李的连接方式，此防盗器还可用于乘车船旅行时防止行李被盗之用。

漏电保护器 1

当电器（洗衣机、电风扇等）外壳漏电时，这个保护器能立即自动切断电源，并发出灯光报警信号，其原理图如图 8-5 所示。

图 8-5 中，市电经继电器 J_1 的两个常闭接点 J_{1-1} 和 J_{1-2} 向电器插座 CZ 供电。CZ 是一个三线插座，其接地插孔（K）应用电线与电器外壳连接。

当电器外壳带电时，漏电电流经按钮开关 A_2 的常闭接点、转换接点 J_{1-3} 而在桥式整流电路中产生整流电流，使继电器吸合。这时接点 J_{1-1} 及 J_{1-2} 分开，切断用电器电源，

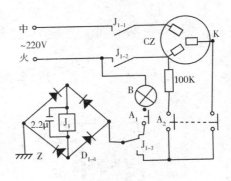

图 8-5

同时转换接点 J_{1-3} 转向上方，使电流经白炽灯 B，按钮开关 A_2，流向整流电路，这一方面使 B 点燃发光，另一方面使 J_1 获得电流供应而自锁。

当漏电故障排除后，只需按动 A_1，即可恢复初始状态。双联按钮开关 A_2 为检验保护器工作状况的，按动 A_2，应能使保护器动作，而切断电源。

图中继电器可用直流电压 24 伏的 JQX－10 型继电器，应有两个常闭接点，一个转换接点，整流二极管 $D_{1\sim4}$ 可用 2CP17～20，2.2μ 电解电容耐压应大于 160 伏，报警灯泡可用 220 伏、15 瓦的指示灯泡（或照明灯泡）。

　　图中 Z 点为接地线，如果住宅中已经装有带接地线的三孔插座，则可将 Z 点接在其中地线一孔，否则应用角铁、铁棍等埋入地下，用较粗电线引出使用。

漏电保护器 2

　　这个漏电保护器能在电器外壳漏电时，自动切断电器电源，并发出闪光信号，保障用户安全，其电路图如图 8－6 所示。

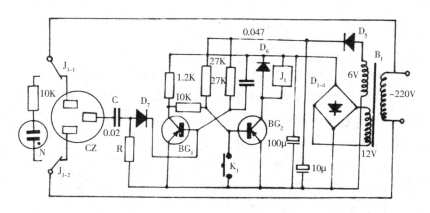

图 8－6

　　图中，BG_1 与 BG_2 组成双稳态电路，即总是一个导通，另一个截止。接通电源后，由于 0.047 电容的作用使 BG_1 导通，BG_2 截止，这时继电器 J_1 中无电流通过，处于释放状态，其转换接点 J_{1-1} 及 J_{1-2} 都接通右方的接点，使插座 CZ 有电源供给，有电器电源插头即插于此处。

　　CZ 是三孔插座，其接地孔与用电器外壳相通（即与电器外壳相接的"地线"接于此孔）。当电器外壳漏电时，由 C、R 组成的微分电路就会输出脉冲信号，经 D_7 检波成正向脉冲，加到 BG_1 基极，使其截止，双稳态电路反转，BG_2 导通，J_1 有电流流过而吸合，其接点 J_{1-1} 及 J_{1-2} 倒向左方，使

CZ（即用电器）断电，而氖灯 N 通电发光。

图中，变压器 B_1 可用普通电铃变压器，但应有 6 伏及 12 伏两个独立次级绕组。二极管 $D_1 \sim D_6$ 均用 2CP10，D_7 用 2AP9 型。三极管 BG_1、BG_2 均用 3AX31 型锗管，两管参数尽量接近。继电器 J_1 可用 JQX - 4 型、EV12V。

全机装好后检查无误，即可接上电源，这时继电器应不动作，在 CZ 两插孔上应有电压。这时在电容 C 左端加上一个 36 伏的交流电压，这时继电器应立即吸合，切断 CZ 电源供应，并且氖泡 N 发光。如无反应可加大电容 C 的数值，如 0.03 微法或 0.033 微法等。

继电器一旦吸合即处于新的稳态，即一直保持此状态。按钮开关 K_1 为复位开关，当按动 K_1 时，即给 BG_2 一个触发脉冲，使电路反转，即 BG_2 截止，BG_1 导通，J_1 释放，CZ 恢复供电。

冰箱断电保护器 1

短时间断电，对正在运转的电冰箱压缩机非常有害，可能会烧毁电机。这里介绍的保护器可以在电源断电后，即使电源又立即供电，电冰箱仍能在 10 分钟后才通电，达到对电机保护的目的，其原理图如图 8 - 7 所示。

集成电路 NE555 组成延时电路，接通电源后，经一定延时，NE555 第 3 脚输出一信号电压，使双向可控硅 BCR 导通，插座 CZ 即有电源供应，冰箱启动。当市电断电后，虽可能立即恢复供给，但冰箱插座 CZ 处却不会随之立即有电，需经一定延时后方可。本电路设计延时时间为 10 分钟。

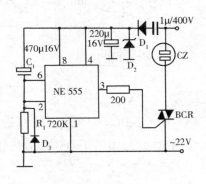

图 8 - 7

图中 D_1 可用 2CZ52F 或 2CP23 等，D_2 为稳压二极管，可用 2CW18，D_3 用 2CP 型即可。双向可控硅 BCR，可选用 400V3A 的任何型号。NE555 在焊接时应注意把电烙铁妥善接地，以免损坏集成块。

调整时可用一个 60 瓦以上白炽灯接在 CZ 处接通电源，待灯泡亮后，瞬间切断电源，看经过多少分钟，灯泡重新发光，此时间即为延时时间，如过短或过长，可调整 C_1 或 R_1 数值，数值上调时，延时间增加，反之减少。一般可调在 8 分钟左右。

这个保护器组件少，工作可靠，无触点，可长期工作，加上本身耗电非常少，制作容易，不妨一试。

冰箱断电保护器 2

这个保护器只有 5 个组件，只能对电冰箱进行断电保护（失压、过压保护不行），但正是由于组件少，所以发生故障的机会也少，工作相当可靠。

电路图如图 8 - 8 所示。将电冰箱电源插头插在 CZ 上单击 AN，继电器 J_1 吸合，常开接点 J_{1-1} 闭合，使 J_1 自锁，同时也开始向电冰箱供电。另外，转换接点也转向右边，发光二极管 LED_2（绿色）发光，表示正常供电。当停电时，J_1 释放，J_{1-1} 分开，J_{1-2} 转向左方。当电网再次来电时，对电冰箱的供电不能自

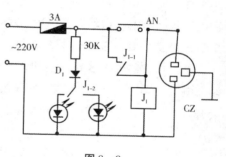

图 8 - 8

动恢复，只是 LED_1（红色）发光，提醒人们："来电了"，当确认断电已超过 10 分钟后，才可单击 AN，向冰箱恢复供电。这可称为"人工启动式"保护器，可确保电冰箱的安全。

图中继电器 J_1 可以用 522 继电器，或 JTX - 220V - 2Z，或用 5 ~ 10 安的交流接触器。二极管 D_1 可用 IN4007。

冰箱断电保护器 3

这是一个用交流接触器做成的可靠的电冰箱断电保护器，如图 8 - 9 所示。

接触器的常开触点一个串接在供电冰箱插用的三线插座中，另一个串

接在接触器线圈中。当按动按钮 AN 后，接触器线圈通电，使常开触点闭合，一方面使电冰箱通电，一方面使接触器自锁。

当电源断电时，接触器线圈断电，触点分离，即使市电又马上接通，接触器也不会动作，起到了对电冰箱的保护作用。

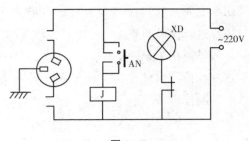

图 8－9

为了在断电后易于发觉，在电路中经接触器常闭触点串接 2 个指示灯。正常运行时，指示灯不亮；当市电断电后，又来电时，指示灯亮，告诉人们电冰箱已断电。指示灯可以用 220 伏、5 瓦的灯泡。交流接触器可用任何型号，只要触点可通过 10 安电流即可。

整个保护器可以装在用有机玻璃或硬塑料板做的小盒里，三线插座应装在侧面。别忘了在盒壁两侧留散热孔，因接触器线圈长时间通电，温度会升高。

全自动冰箱保护器

如图 8－10 所示，这个保护器虽然线路简单，但功能齐全、动作可靠、灵敏。当电网电压过低，可能损坏电冰箱电机时，R_1 和 R_8 分压值减小，使 D_5 导通，引起集成块 WTH8751 导通，接着使 D_7 截止，随之可控硅 T 关断，从而切断电冰箱电源。调节 R_8 可调定欠压保护值。

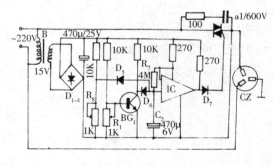

图 8－10

当电网电压过高，有使冰箱电机过热烧毁的危险时，R_1 和 R_8 的分压值增高，使 BG（三极管）导通，随之 D_5 导通，接着 WHT8751 导通，而 D_7 截止，引起可控硅 T 关断。

当电网断电时，由 R_7 和 C_2 组成的断电延时电路启动。当断电后又立即通电时，C_2 两端电压不能突变，使 WTH8751 第二脚保持低电平而导通，从而使 D_7 截止，使 T 断流，保护了冰箱电机。延时时间由 R_7 及 C_2 的数值决定，按图中数值延时时间约为 6 分钟。

图中 $D_1 \sim D_4$ 可用耐压大于 30 伏，电流大于 100 毫安的硅桥。D_5、D_6、D_7 均用 2CK 型二极管，三极管 BG 可用 3DK2C，双向可控硅可用 BTAD8—600C，变压器 B 功率为 5 瓦即可。

触电保护器

当由于各种原因有人触电时，这个保护器能立即切断电源，保障触电者的人身安全。本保护器灵敏度相当高，当触电电流在 8 毫安左右，即可使电源在 0.1 秒钟以内切断，可靠地保护用电者人身安全。另外，当有的电器损坏漏电时，本保护器也会断电报警，提醒用户及时修理。

这个保护器电原理如图 8 - 11 所示。当用电状况正常时，电流互感器

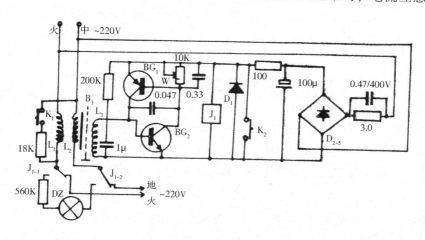

图 8 - 11

B_1 中的线圈 L_1 及 L_2 中流过的电流大小相等，方向相反，不会在 L_3 中引起

感应电流。但当有人触电时，L_1 中有额外电流通过，这时即在 L_3 中感应出感应电流，而使由 BG_1 及 BG_2 等组成的电子开关电路开通，从而使继电器 J 两端电压下降，J 释放，转换接点 J_{1-1} 及 J_{1-2} 转向左方，一方面切断对电器的供电，另一方面接通指示灯 DZ，发出灯光报警信号。与 L_3 并联的 1 微法电容能提高感应电路对 50 赫电信号的接收能力，增大感应电流，同时提高抗干扰能力。

按钮开关 K_1 为试跳开关，按动一下，保护器应立即动作，切断电源。K_2 为复原开关，按动 K_2，能使线路恢复供电。

需要自制的组件是电流互感器 B_1，用 2 平方厘米的铁芯（12 毫米 × 16 毫米），先绕次级，用 φ0.08 毫米漆包线绕 3000 圈，包上绝缘纸，用同号线绕隔离层，再绕初级（L_1 和 L_2）线圈，要求两个线圈参数相同，故应用 φ1.12 毫米漆包线双线并绕 20 圈。然后进行浸漆处理。

继电器用 JQX－4 型直流 24 伏的。三极管 BG_1 为 3CG21，BG_2 为 3DK4，放大率应不小于 50。二极管 D_1 用 2CP10，D_{2-5} 亦可用 2CP10 或类似型号。整流电路前的降压电容（0.47 微法）应使用耐压 400 伏以上的。

全机装好后接上电源，继电器应立即吸合供电，否则，应调整电位器 W（10 千欧），注意这一电位器对电路的灵敏度也有影响。

这个保护器可安装在用户电表之后，输出端接用电线路。平时，每月应检查一下，即按动试跳按钮 K_1，检验断电情况。

房门监视器

为了安全的需要，有时需要监视较远处的门的状况，如单元门、院门等。这里介绍的监视器可以使门的开、关情况在远处"一目了然"，对走后未关门或者门被私自打开等情况，都可以及时了解，采取相应对策。

电路图如图 8－12 所示，当门处于正常关闭状态时，开关 K_2 闭合，这时交流 15 伏电经 K_2 到达 D_1，经其整流后，流过继电器 J_1，使其吸合，这时其常闭触点 J_{1-1} 分开，指示灯 ZD 不亮。当门打开（或关闭不严）时，开关 K_2 断开，J_1 不吸合，则触点 J_{1-1} 处于闭合状态，指示灯 ZD 燃亮，发出光信号，表示门未关好。

图中，B_1 为小型变压器，继电器可用 FRX – 13F 型，二极管 D_1 可以用任何型号的整流二极管，耐压 30 伏，电流 100 毫安即可。

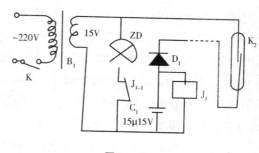

图 8 – 12

开关 K_2 为一干簧管，在需要监视的门的门框上挖一小槽将该干簧管放进并固定好，其引线沿门框引出连至仪器上。在门的相应位置（门关闭后，恰好与干簧管相对处），也挖一小槽，嵌入一个强力小磁块（如文具盒上用的铁氧体磁块即可），这样当门关闭时，该磁块即可使干簧管两引线吸合导通。指示灯可用功率为 5 瓦，电压为 16 ~ 18 伏的。如果想让信号更明显，在 ZD 处可并联一蜂音器，使声、光信号同时出现。

电子锁

这里介绍的电子锁组件不多，但工作可靠，保密性强，只有按顺序按动 A_1、A_2、A_3 三个按钮后，锁才能打开，如图 8 – 13。如果按错顺序，或

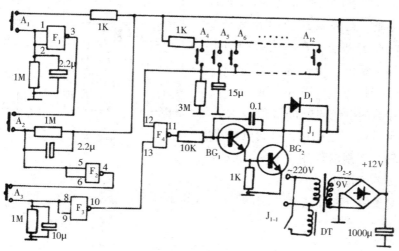

图 8 – 13

其中穿插按了别的按钮（A₄等），不但打不开锁而且还开动了延迟电路，必须等 1 分钟后才能重新操作开锁。

图中 $F_1 \sim F_4$ 为两输入端或非门电路，可用 C062 或 5G4001 等型号。三极管 BG_1 可用 3DG6，BG_2 用 3DG12。继电器 J_1 用 JQX - 4，直流 12 伏小型继电器。二极管 D_1 可用 2CP 型。J_1 常开触点控制的 DT 为交流 220 伏电磁铁，直接控制锁簧的运动。整流二极管 D_{2-5} 可用 A2CP10。

该锁的延迟时间系由 3 兆欧电阻及 15 微法电容的乘积决定的。如欲减短延迟时间，可减少 3 兆欧电阻的数值。

按钮开关 $A_1 \sim A_{12}$ 应混合安排。为了提高保密程度，可定期更换三个实控按钮。为此，建议安装时用一个 28 孔集成电路插座可将按钮接在此插座上，更换接线较为方便。

电扇自停装置

这种电扇自停装置装入电扇后，只要有人碰触电扇网罩等处，电扇会自动断电并立即停止转动，以保安全。

图 8 - 14 为其原理图。图中 A 点与电扇网罩连接。当有人触碰网罩时，人体感应信号加到 BG 基极，使其导通，触发可控硅 SCR 导通，使继电器 J_1 吸合，常闭接点 J_{1-1} 断开，使切断风扇电机 M 电源供应，同时常开接点 J_{1-2} 闭合，使 10μ 电容上存储的电能向电机 M 释放，造成一个直流恒定磁场，迫使电机迅速停转，起制动作用，不使风扇因惯性而继续转动。

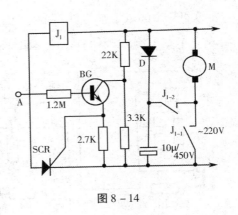

图 8 - 14

只要手一离开 A 点，BG 截止，SCR 截止，J_1 释放，M 获得电源重新转动。

家用地震报警器

地震是地球上最大的自然灾害之一，每年给人们造成的损失不可估量，大地震往往发生在夜晚，使人难于防范。这里介绍一个家用地震报警器，当发生地震时，它能及时唤醒人们迅速转移，马上脱离危险地带，可有效减少人员伤亡。该地震报警器线路简单，制作容易，成本低，声音响亮，平时不耗电，且地震停止后能自动停止报警。

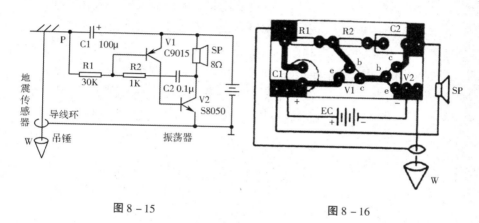

图 8 – 15   图 8 – 16

图 8 – 15 是这个家用地震报警器的电路图，图 8 – 16 是它的线路板。整个电路由传感器和振荡器组成。传感器由一个吊锤和一个导线环组成，吊锤用导线吊挂在固定的导线环中，当发生地震时，吊锤左右摆动，与导线环相碰，使电路对电容器 C_1 充电，振荡器开始振荡，喇叭发出报警声。

振荡器由 R_1、R_2、C_2、V_1、V_2 等组成，R_1 左端 P 点接电源负极，电路即开始振荡，P 点电压愈低振荡频率愈高，P 点电压愈高振荡频率愈低。当发生地震时，吊锤 W 左右摆动，与导线环左右相碰，每碰一次，电路对 C_1 充一次电，刚充满电时，P 点电压最低，振荡频率最高，随着电路的振荡，C_1 逐渐放电，P 点电压逐渐升高，振荡频率也随之下降。故吊锤与环不断左右相碰，喇叭发出一次"嘀……呜……"的响声，地震时吊锤与环不断左右相碰，喇叭一直发出"嘀……呜……嘀……呜……"的报警声，声音

响亮。地震波过后，吊锤摆幅减小，不再与导线环相碰，当 C_1 放完电时，振荡器停止振荡，地震报警器自动停止报警。

V_1 选用 C9012 或 C9015 等 PNP 型三极管，放大率不小于 80，V_2 选用 C9013 或 S8050 等 NPN 型中功率管，放大率不小于 80。其他组件按图中数值即可。吊锤用线与导线环应选用导电性能好，不易生锈的材料，如选用镀银铜线。吊线用细导线，以便吊锤能自由摆动，锤用稍重一点儿的圆形金属物体，环应选用粗一点儿的导线制作，如用 φ1 毫米左右的镀银铜线，一端固定，另一端圈一个环，套住吊线。

只要组件无误，连线正确，电路安装好即可正常工作。传感器的固定与调整应注意，传感器应安装牢固，且置于不易被风吹动，不易被人碰到的地方。传感器、线路板和电池要安装在木盒内。用钉子将木盒固定到墙上，再将吊锤与导线环安装在盒内适当位置，然后调整导线环与吊线的相对位置及环的大小，使吊线位于环的正中央，环越小灵敏度越高。喇叭固定在盒盖的内侧，传感器调好以后，接好连接线，用螺钉固定上盖子即可。

第九章　娱乐玩具类电子制作范例

这里主要介绍一些给生活添乐趣的娱乐玩具电子小制作，非常有趣。

娃娃电风扇

图9-1是一个娃娃电风扇。它的造型很别致，正面看是一个可爱的娃娃，背面看是一架小电风扇。把它放在书桌上，既是一件艺术品，又是一个有趣的小风扇。

用包药丸的塑料球制作娃娃头，也可以用乒乓球来代替。包药丸的塑料球本身是两半的，制作很方便。如果用乒乓球，要用小刀从接缝处分开，成为两半。

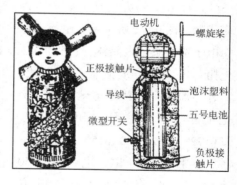

图9-1

在塑料球里放一个电动机，电动机的轴突出在球外，为了把电动机固定好，可以用白色泡沫塑料碎块，填塞塑料球的空隙。用铁片做一个螺旋桨，焊接在电动机轴上。焊接的时候，要用尖嘴钳夹住电动机轴，以免烫坏塑料球。

用一只塑料药瓶做娃娃身，里面放1节五号电池，电池上部和底部放电池夹。开关安装在塑料瓶侧面，用导线把开关、电池夹、电动机连接起来。用泡沫塑料碎块填塞在电池的周围。

电源开关可以采用现成的微型开关，也可以自己制作：比如用一副撳钮做开关；用两块铜片做开关；或者把开关装在瓶塞上，朝左旋是开，朝右旋是关。

把头部粘在塑料瓶盖上，盖上瓶盖，在头部画一个娃娃脸。在塑料瓶上画上喜爱的图案。如果是透明的塑料瓶，还可以在里面衬上花花绿绿的糖果纸。这样，娃娃电风扇就做成了。

使用时，把电源开关扳到开的位置，螺旋桨旋转，一股股清风就徐徐向你吹来。把电源开关扳到关的位置，电动机停转，只要转一下瓶子，一个可爱的娃娃就对着你微笑。

电子萤火虫

这里电子萤火虫是由电子零件做成的，图9-2所示是它组成。这个电子萤火虫是由晶体管、变压器、电阻、电容器、氖泡各一个组成，另外还加一个9伏干电池以及一个电池帽。晶体管可以用 2SB177、2SB172、2SB22、2SB156 其中的一种。电阻是 10 千欧。电容器是 50 毫法或 100 毫法。电容器是有

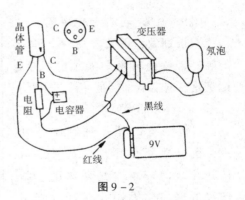

图9-2

+（正）、-（负）极之分的，应按电路的接法。在无线电零件店可以买到，它的色泽有白色、红色，可任意选择。

只要按图接好，氖泡便会一闪一闪地闪亮。如果用白色的氖泡，亦可以染上不同的颜色。这个电路也可以接用两个氖泡工作，只要把它们接在一起便可。

电子萤火虫的耗电很少，如果为了节约，也可用 6 节五号干电池串联而获得 9 伏的电压，这可购买一个 9 伏的电池盒来装电池而不必将电池焊接。

光控电子鸟

将要制作的这只电子鸟，只要天一亮就会开始鸣叫，使你的一天从美妙的鸟鸣声中开始。

其原理图如图9－3所示。鸟声发声电路系使用一专用鸟鸣集成电路 KD－156，能发出悦耳的鸟叫声。光控部分使用光敏电阻，当清晨天空微明时，光敏电阻阻值下降，触发集成块开始工作发声。

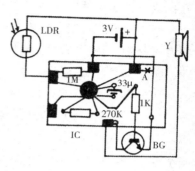

图9－3

图中 IC 用 KD－156，其实体接线图已在图上标明。BG 用硅 NPN 管 9013，音量大，而且静态电流只有几微安，非常省电。同时在 IC 片的 A 处将铜箔切断，将电源负极连在 BG 的发射极上。光敏电阻 LDR 用 MG45 型。扬声器 Y 用4～8欧的动圈扬声器。

把此"小鸟"放在床头，天刚微亮，它就开始"叽、叽"地叫你起床。如果要让它停止，把它放在暗处（如抽屉里等）就行了。

简制喇叭

喇叭（扬声器）的结构并不复杂，如果你有兴趣的话，可以自制一只，如能找到厚薄合适的纸张做纸盆，使用效果不亚于买来的成品。

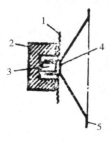

图9－4

电动式扬声器的工作原理如图9－4所示，纸盆5的中心粘牢一个音圈4，音圈正好套在磁芯3上，磁芯与磁体2连在一起。音圈外还连有一弹簧板1（有波纹的圆纸片），弹簧板的外缘与喇叭的盆架连接。由于音圈本身是个线圈，当交变电流经过线圈时，会产生交变磁场，这一交变磁场与磁体的恒定磁场相互作用，使音圈在磁场力的作用下与纸盆一起振动，从而激励空气，使我们的

耳膜受到振动听到声音。

这里介绍的喇叭的组成部分与上面的相似，仅是省去了弹簧板，并将各部分简化，以求实用，如图 9-5 所示。

图中，1 是一只无盖的木箱，形状为正方形，它的边长和深度以正好容纳一只 5 英寸喇叭为好。买一块 5 英寸喇叭的磁钢（带有磁芯），即为图中 2。用较牢的纸，卷一个小筒，筒的直径比磁芯约大 2 毫米，筒身比磁芯高 3 ~ 4 毫米。待筒干后，用 40 号漆包线在纸筒上绕 35 圈左右，然后用电表测试一下，如

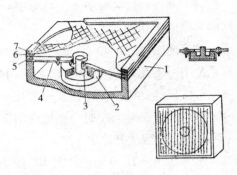

图 9-5

阻抗在 8 欧，即可使用。绕漆包线时应注意，在纸圈的上部应留出约 5 毫米的空余，以便与"纸盆"粘连起来。音圈绕制好后，可用蜡或清漆封住（留出较长的引出线）待用。

4 是平板，用厚约 2 毫米的木板做成，中央和周围开孔，中央的孔径稍大于音圈外径。平板 4 钉牢在木盒边缘上。用铝皮托住磁体，并将磁体用螺栓固定在平板下，固定时应使平板中央的大孔正好对着磁体内圆环（两者同心）。平板中心周围开孔的目的是为了让盒底把声波反射出来，增添音响效果。

将厚度与纸盆相仿的纸张剪成方形，其面积与木盒表面相等。在纸片中央挖个圆孔，圆孔的直径与音圈直径相同（这里指未绕漆包线部分的纸圈直径）。

把音圈上端未绕漆包线部分伸入纸上的圆孔里，然后用万能胶，将纸片与音圈粘在一起。

在平板 4 的上面，沿盒边钉一圈高度为 5 毫米的木条，木条约宽 6 毫米。将连有音圈的方纸片拉平，放于木条 5 上面，调整音圈的位置，使音圈套在磁芯上，但不与磁芯接触。同样用木条压住并钉牢于纸片周围，钉时须注意，别让纸张皱折。

找一块较好看的布，剪成与盒面一样的正方形，蒙于木条 6 上，再用木条钉牢、压紧，这就做成了我们所要的喇叭。

实用收报机

这种收报机看来很简陋，但它可以直接接收收音机里的电报信号，具有一定的实用价值，对报务练习来说，是一种十分必要的工具。

收报机如图9-6所示，1是卷纸盘，长条的纸卷在这筒上，2是摇盘，逆时针转动2的手柄，可拉动纸条，由卷纸筒上转而绕到筒2上。3是支架，4是托纸板，5、6是连在螺栓下的细铜丝，7是微型继电器，8是药水盒，9是滚筒架，10是轴承架，11是底板，

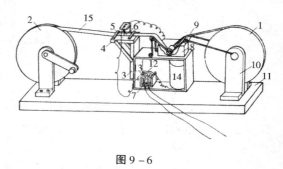

图9-6

12是薄铁皮做的衔铁，13是用螺钉做的导线接线柱，14是干电池，15是条形纸带。

它的工作原理是：由于浸有碘化钾和淀粉混合液的纸带被直流电通过时能进行电解作用，因碘析出而在纸带上留下棕色条痕。本书列举的装置中，让发出电码响声的音频信号电流控制连接干电池的开关（即继电器），当发出较长的电码呼号声时，相应地电路有较长的接通时间，从而使铜丝在纸条上画出较宽的棕色条纹；相反，如电码呼号声较短，则因通电时间短而铜丝只能画出较窄的痕迹，于是记下了电码，根据电码所对应的文字就能译出内容。

具体结构及制法如下。

如图9-7所示，将废水果罐（挑选直径大一些的罐头）剪开，敲平，画出直径为90毫米的圆，用剪刀剪下，共剪4片。利用边角木料，锯并锉出2个直径为60毫米的圆木块，其厚度约12毫米，如图所示，用两铁片夹住圆木块，并使三者同心，用小铁钉或小螺钉把它们连成一体，分别成为卷纸盘和摇盘。

轴承架10也是2副，高约120毫米，宽约35毫米，板厚约10毫米。

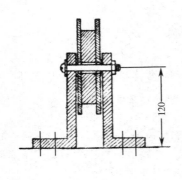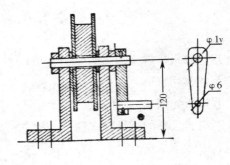

图 9 – 7

在一只圆盘的中心钻一个直径 10 毫米的圆孔，孔壁应修光滑。找一直径稍小于 10 毫米的圆竹管，使它能在盘孔内自由转动，竹管内孔的孔径约 4 毫米，稍长于盘的宽度。

找一长约 550 毫米、宽约 150 毫米的木板作为底板，将轴承架固定在底板右端，夹紧竹管，用穿过轴承架孔、竹管内孔的螺栓，把盘安装在竹管做成的轴上，于是做成了卷纸盘。

摇盘的做法稍不同于卷纸盘，也在盘中心钻一直径为 10 毫米的孔，将一根稍粗一些的圆木杆紧紧插入孔内（最好在盘孔内壁涂上白胶水，使盘与圆杆紧紧固定在一起）。圆杆约长 50 毫米，在轴承架的两块板上各钻一个比杆径稍大些的圆孔，使木杆能在孔内顺利转动，盘与轴承架之间应套入垫圈，在木杆的左端紧紧套入一个塑料圈或一个木环，不使脱出，在它的右端装一手柄，它由一两端钻孔（孔径分别为 10 毫米和 6 毫米）的木板和摇杆组成，摇杆是根直径稍大于 6 毫米的圆杆，紧紧插在孔内（杆身与木板应垂直），也可涂些胶水粘住。为了使手柄固定在轴杆上，在木板的上端可旋入一只小螺钉，让钉头旋入轴杆即可。把做成的摇盘固定在底板另一端。

将两条粗铁丝弯成三曲形状，三个弯曲处都绕成环孔形，环孔内紧紧夹住一根粗铁丝，它的上面套一段短竹管，作为棍子，粗铁丝的右端弯曲后固定在轴承架的螺栓两头（用螺帽和垫圈压住），另一头弯成小圆圈后，用螺钉压紧在一只小木框的顶板上。小木框约长 100 毫米，它的高度按实际装配尺寸决定，应使纸带保持水平状态（以不向上拱起为好）。

木框左侧固定一个木板支架，它的上面有块托纸板，板长约 40 毫米，宽约 30 毫米。在托纸板的两端有两条狭窄的细木条，木条与托纸板间有一缝隙，可让纸带顺利通过。在托纸板的上面还有一个小木架，架上有两只小螺钉，钉下压紧着两条细铜丝，铜丝的端部刮去绝缘漆，两铜丝间距约0.8 毫米（不能相距太远），铜丝约长 10 毫米。

木框内装 2 节一号干电池和 1 只小继电器。小继电器是这样做的：将废钢锯条折成长 40 毫米的一段，在砂石上磨去锯齿，烧红退火后，折成中间长 10 毫米、两边长 15 毫米的 Π 字形，重新淬火，在两边上做两只扁纸筒，用 42 号漆包线分别绕 800 圈，形成 2 个串联的线圈（绕向要相反），将磁芯固定在一只小木盒的底部，在木盒的一边旋入一只螺钉，螺钉与一导线相连，另一侧固定一条较有弹性的薄铁皮，铁皮也与另一导线相连接。当小线圈内通有电流时，铁皮会被吸下，从而将连接电池的线路接通。

找一只大口较扁的塑料或玻璃盛器，内放碘化钾与淀粉的混合液。把质地较细密的白纸裁成约 10 毫米宽的纸条，粘连成长带，卷在卷纸盘上，绕过 3 个小竹管做成的棍子，穿入托纸板上的狭缝，再卷牢在摇盘上。可适当调节滚筒架之间的夹角，让纸带完全浸没在混合液里。

使用时，先试转一下手柄，观察一下纸带是否顺利地移动，如有阻轧现象应找出原因排除掉，一般可能因两纸带盘的转轴不平行或圆盘平面不在一平面上而引起，这要适当调整轴承座的位置。在试转顺利的情况下，接好与干电池相连的导线，把由继电器线圈引出的两根导线与晶体管收音机喇叭的输出变压器初级并连。打开收音机（应该用短波段），把旋钮旋到能昕到电码呼叫声的位置，摇动手柄，当被沾湿的纸带在两细铜丝端的下面通过时，会出现宽窄不同的电码符号。

如果没有短波段的收音机，可自制一只小电键，并与 1 节一号干电池及继电器的两引出线串接。按下电键时，因电流流经线圈，磁芯吸下铁皮 12；放开电键对，电流中断，铁皮离开触点 13，与此相应，纸带上也会出现时断时续的符号，因而，利用这一装置也可做成一架电码练习器。

人造卫星

这里介绍一个能发出呼叫声的卫星模型，圆形外壳可用任何材料制成，

也可取用现成的球型物体，其大小以能装进发声线路为准，当然别忘了安上 4 根天线。

呼叫发声装置由 2 个三极管构成，如图 9 – 8 所示。此低频振荡器是电容式三点振荡线路，由三极管 BG_1，以及振荡电路 L_1、C_1 和 C_2 组成。之所以叫电容式三点振荡电路，是因为该电路有 3 处与其他组件相连。其振荡频率（1 ~ 3 千赫）是由 L_1 和 C_1 决定的，可由下列公式算出：

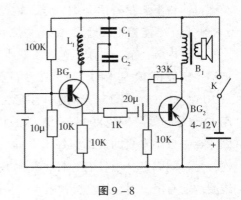

图 9 – 8

$$F \approx 5030 / \sqrt{LC} \approx \frac{5030}{\sqrt{LC}}$$

其中：F——频率，单位为千赫；L——电感线圈，单位为毫亨；C——电容，单位为皮法。

图中三极管 BG_1、BG_2，可用 3AX31C 等。B_1 为晶体管收音机用输出变压器，为节省空间，可直接用一压电陶瓷片代替 B_1 和扬声器。输出负载为晶体管收音机用小型输出变压器及阻抗为 4 ~ 8 欧的小型扬声器，如果有高阻扬声器（如舌簧式扬声器），则可省去输出变压器，直接接入线路。

电源可用 4.5 ~ 12 伏的任何直流电源，如干电池等，因耗电不大，也可用层叠电池。

三极管用 PNP 型锗管，如果把电源正负极反接，则可换用 NPN 型硅管。

电感线圈电感量为 0.3 亨。自制可用直径 9 毫米，长 35 毫米的纸管，两端为直径 20 毫米的挡板，用 0.18 线径的漆包线密绕 2000 匝。线圈中应插入直径 8 毫米，长 35 毫米的铁氧体磁棒。

其他组件无特殊要求，数值稍差也可。整个线路无需调试，如安装无误，应能立即工作。

组件线路板及扬声器可安装在"卫星"里，电池可装在底托里，用电源线通过卫星支架连通，这样除了可使卫星体积不过大，还可增加稳定性，避免头重脚轻。

回旋加速器

在高能物理研究工作中，为了获得高速运动的粒子（如中子、α粒子等），普遍使用一种叫做"回旋加速器"的电磁设备。这里介绍的"加速器"，用一只钢球代表粒子，能够直观地演示加速器的原理。

为了吸引人，加速器开动后，除了钢球飞转外，还伴有音调不断变化的哨声，可进一步增加趣味性，是一种有益的电子玩具。

用一块 500 毫米 × 500 毫米的干燥木板（或硬塑板），在上边固定一环形轨道。该轨道可用直径 4 毫米的裸铜线或镀锌铁丝制作，外轨道为直径 465 毫米的闭合圆环，内轨道直径为 450 毫米，由 6 段互相绝缘的圆弧组成，各圆弧间为相距 1~2 毫米的隙缝。外轨应比内轨高 1~2 毫米，以防钢球滚动时，因离心力而甩出轨外。

整个原理图如图 9-9 所示。开始时直径 20~22 毫米的钢球位于线圈 L_3 形成的"隧洞"入口处，这时 L_3 电流接通（该电流从变压器 B_1。次级下端经外轨道，再经钢球，到内轨道、通过线圈 L_3 流回 B_1 次级），这时线圈 L_3 产生电磁力，将钢球吸入线圈筒内。当钢球滚出内轨第 1 段后，线圈 L_3 的电源切断，失去吸力，钢球即依靠惯性继续滚动，当又运动到内轨第 1 段处，整个过程又重复一遍。这样，钢球滚动不停，其速度会逐渐加快，恰似真的回旋加速器一般。

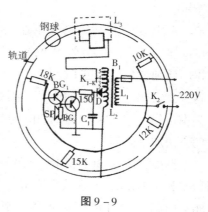

图 9-9

三极管 BG_1 和 BG_2 等组成低频振荡器，其振荡频率取决于 BG_1 的基极电阻（R_1~R_4）。所以当钢球在轨道运动时，经过第 2 段轨时，将 R_1 接入线路；经过第 3 段轨时，又将 R_2 接入……这样随着钢球的运动，该振荡器的振荡频率不断变化，发出音调变化的哨声。

线圈 L_3 是关键部件，制作时，可取内经 28 毫米、长 70 毫米的线圈筒，用直径 0.4 毫米的漆包线绕 1500 匝（这时筒两端的挡板直径可取 40 毫米）。组装时，应使轨道从线圈中穿过，所以应在底板上线圈的安装处预先挖好一个相应的槽。

电源变压器 B_1，可用断面 20 毫米 × 30 毫米的铁芯，初级 L_1 用直径 0.27 毫米的漆包线绕 1600 匝，次级 L_2 则用 1.0 毫米的漆包线绕 300 匝，在 70、260、270、280 和 290 匝处抽头。拨动分线开关 K_1，可以改变线圈 L_3 的电源电压，以控制钢球运动速度。二极管 D 与电解电容器 C_1（500）组成整流电路，供给振荡器电源。三极管可用 3AX31 或 3AX81，二极管可用 2CP 型。

电子闪光胸花

这里介绍的电子闪光胸花实际上是一个自激多谐振荡电路，如图 9 – 10 所示。

图中 BG_1 及 BG_2 轮流导通，当 BG_2 导通时发光二极管 D 发光，当 BG_1 导通、BG_2 截止时则 D 熄灭，这样就发出一闪一灭的光芒。闪光频率可用改变 33K 电阻及 30μ 电容的方法加以调节。

图中三极管 BG_1 及 BG_2 可用小型塑封管 3DG6，要求放大率不小于 80，而且两管性能要尽可能一致，

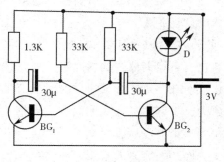

图 9 – 10

否则应调整电阻及电容数值。组件尽可能用小型的，电池可用 2 颗电子计算器用纽扣电池，足供几小时之用。发光二极管 D 可选用省电型的，以红光或黄光为好。

整机焊在敷铜板上，可不用外壳。使用时将整机放入上衣口袋里，发光管则应巧妙地安放在一支胸花上，用两根细漆包线与整机连接，漆包线可穿到外衣后面引下。

电子秋千

　　电子秋千在儿童玩具或商店装饰中都得到广泛应用，但一般的电子秋千电路中多利用干簧管，使用一段时期后，其接触开关由于不停通断而损坏，整个装置就停摆了。这里介绍的电子秋千，没有电触点，所以只要秋千轴没有问题，秋千可以一直荡到电池枯竭。

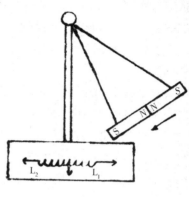

　　秋千的结构如图 9 - 11 所示。秋千座板上固定有 2 块小的条形磁铁（用一般玩具电动机或文具盒里的长方形磁铁即可）。注意其磁极位置一定要正确。由于异性相斥，所以这两块磁铁要求装牢固，不使移动。可以用万能胶粘在座板底下。秋千木托是个盒子，里边藏有振荡器，其线圈 L_1 和 L_2 应紧靠盒子上方水平安放，以尽量靠近秋千板的磁铁。磁铁位于最下方时，与线圈的距离不能大于 3 毫米。

图 9 - 11

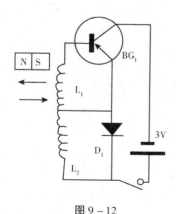

图 9 - 12

　　秋千的电路图如图 9 - 12 所示，三极管 BG_1 可用 3AX31 或 3AX81 型，其放大率应在 40 ～ 100 之间，二极管可用 2CP 型。

　　线圈 L_1 和 L_2 绕在同一骨架上，其尺寸见图 9 - 13。用直径 0.15 毫米的漆包线，L_1 和 L_2 一并绕制，即采用双线绕法，将骨架绕满为止。将 L_1 的尾与 L_2 的头接好。L_1 的头接 BG_1 基极；L_1 的尾接 BG_1 的发射极，电池用 2 节二号电池即可。

　　电子秋千的工作原理很简单。当秋千板处于右边时，BG_1 不导通，线圈 L_1 和 L_2 中均无电流流过。当秋千板往下摆动时，板下的磁铁接近线圈 L_1 和 L_2，磁铁的磁力

线切割 L_2 和 L_2 的线圈，在 L_1 中产生电流，使 BG_1 导通，于是在 L_2 中有电流流过，同时对秋千板的磁铁产生吸引力。但只要秋千板（即磁铁）一摆过中垂线，其极性变化使三极管 BG_1 又立即截止，吸力消失，秋千板依靠惯性继续向左摆动。当摆到最高点后，开始向右摆时，又发生上述过程。即秋千板在每次摆动时都有一瞬间受到线圈的引力作用，这一引力即可克服摆动时产生的阻力，使其永远不停地摆动下去。

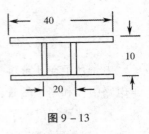

图 9 – 13

当秋千板静止不动时，线圈中不产生电动势，BG_1 不导通，整个线路消耗电流极小。

对于秋千的外形，可发挥你的想象力去尽力美化，还可在秋千板上安装一个玩具娃娃，但注意不可过重。另外秋千线的长度应在 200 ~ 300 毫米之间，过长、过短都不行。

电源可用二号电池 2 节，亦设法安装在底托里。

飞　碟

这里介绍一个电子玩具"飞碟"，其外形如图 9 – 14。飞碟是由卡片纸做的，造型细节及色彩涂布可发挥自己的想象力。重要的是在飞碟顶部要粘上一片直径 40 毫米的镜片，或者同样大小的平整的香烟铝箔，以作为反光镜用。同时在飞碟上顶和下底纸片里面，应均匀地粘上一层铁屑，以使飞碟能受磁力的吸引。

飞碟直径可选在 100 ~ 200 毫米之间，它将悬浮在距 C 型臂顶部 70 ~ 80 毫米的空中，靠的是脉冲放大器（其原理如图 9 – 15）及 C 型臂顶上安装的电磁铁。放大器输入端是光导三极管 BG_1，BG_2 ~ BG_4 为

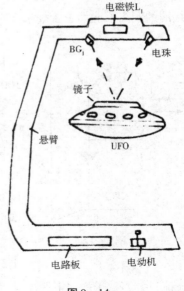

图 9 – 14

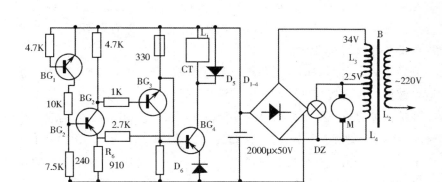

图 9 - 15

放大电路，其工作状态由 R_6 调整。当 BG_1 无光线照射时，集电结阻值大，BG_2 等截止，电磁铁线圈 L_1 中无电流通过，不产生磁力。但当"飞碟"位于距臂顶 70 ~ 80 毫米时，臂顶右方小电珠发出的光线，经飞碟顶部的反光镜反射，恰好投射到 BG_1 上，这时 BG_1 集电结阻值突降，使 BG_2、BG_3 及 BG_4 连续导通。L_1 中有大电流通过，产生磁力，将飞碟向上吸引。但只要飞碟向上浮动，电珠的光线就不能反射到 BG_1 上，使放大器截止，电磁铁失去磁力，飞碟又下降。当下降至适当位置时，电珠光线又反射到 BG_1 上，电路又导通电磁铁又产生吸力……如此反复进行，飞碟就上上下下移动不会掉下来，而且由于飞碟上下移动的距离只有 1 ~ 3 毫米，几乎使人发觉不到，所以看上去飞碟好像悬浮在空中一般。

在飞碟正下方的底座内，安装一个 3 伏的交流玩具电动机，机轴垂直向上，轴顶粘牢一长方形铁氧体磁铁（可用塑料铅笔盒上的磁铁）。当电动机连同小磁铁旋转时，会带动悬浮的飞碟逐渐不停地自转起来，这使小飞碟更加逼真。

底座及 C 型臂可用有机玻璃制作。其尺寸可参看图中的大致比例，大些小些关系不大。底座内除了安有电动机之外，整个电路板也装在内，注意使电源变压器尽量远离飞碟，因电源变压器也产生磁力线，会干扰飞碟的飞行。电磁铁（线圈 L_1 及铁芯）安装在 C 型臂顶部中央，右边是发光电珠（可用手电筒的 2.2 伏聚光电珠），左边是光导三极管，两者的安装角度

要仔细调整，使当飞碟在距其70～80毫米时，电珠发出的光线，经飞碟顶部反光镜的反射，正好投射到光导三极管 BG_1 上。此三者用塑料电线，经 C 型臂内部与底座的电路连接。

光导管 BG_1 可用一集电极电流较大的硅三极管（如3DK4、3DG12等），将管帽锉掉（注意将掉进管内的铁屑倒出）使光线能照射到集电结上。为保持清洁，可用透明物（如玻璃纸等）将孔洞蒙住。BG_2～BG_4 均应选用放大率在50～100之间的，BG_2 用3AX31，BG_3 用3BX31，BG_4 用3AX81。

电磁铁可选用4平方厘米的"山"字形铁芯（如电子管收音机的输出变压器铁芯），在中心臂上，用直径0.55～0.75毫米的漆包线，绕300～400匝。只用"山"字形片，原一型片不用，安装时，铁芯开口朝下，注意将其隐藏在 C 型臂内不使外露，以增美观。

电源变压器 B 可用截面积为6平方厘米的铁芯（20毫米×30毫米），初级 L_2 用直径0.31毫米的漆包线绕1600匝；次级 L_3 用直径1.0毫米的漆包线绕250匝，在20匝处抽头为 L_4（2.5伏），供电珠及电动机用。D_1～D_4 可用50伏、1安的硅桥，D_5、D_6 用2CP型。

魔　球

漂亮的底座上有一个穿在直立轴上的圆球，打开电源开关，圆球便不停地旋转起来。旋转的速度还可以调节，可快可慢。这一"魔球"经过适当的造型设计可作为有趣的玩具。

当然，这种装置可以使用普通的玩具电机，但用小电机缺点太多：①转速太高，不符合装饰性装置的要求。②调速装置过分复杂，易出故障。③太费电，因电机需相当大的电流。所以这个"魔球"使用"电子电动机"，非常省电，可用电池做电源。同时，其易损件少，可以长期运行。

魔球的整体图如图9-16。其"电子电动机"原理图如图9-17。

在普通的电动机里都装有"整流子"，它能随着转子的旋转而不停改变电流方向，以使转子不停地转下去。在本装置的"电子电动机"里，整流子的功能由三极管 BG_1 完成。而转子则为藏在圆球里的2块小磁铁（可以用铅笔盒、家具上用的磁性闩等的小铁氧体磁石）；线圈 L_2 相当于"定

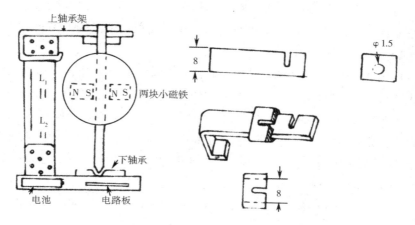

图 9 – 16

子",它间歇地吸引球内磁铁,使圆球不停旋转;线圈 L_1 为反馈线圈,使三极管 BG_1 时通时断,控制 L_2 中电流流动状态。

　　假设在接通开关 K 的瞬间,小磁铁的 N 极正处于线圈附近,BG_1 的集电极电流流过 L_2,产生磁场,吸引磁铁 N 极,使球转动。当磁铁 N 极接近线圈时,使 L_1 中产生一个电动势,从而提高了 BG_1 基极偏压,使 BG_1 集电极电流随之加大,使 L_2 对磁铁 N 极的吸引加大,圆球旋转加速。由于惯性,圆球继续旋转,使磁铁 S 极接近线圈,致使 L_1 中产生一个反电动势,削

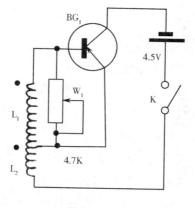

图 9 – 17

弱了 BG_1 的基极偏压,随之使集电极电流逐渐减小,以至为零。L_2 中没有电流流过,不产生任何吸引力。圆球靠惯性继续旋转,直到 N 极又一次接近线圈,于是前述过程重新开始。这样圆球就不停地旋转下去。

　　电位器 W_1 并联在线圈 L_1 上,起分压作用,从而控制 BG 集电极电流变化情况,起到调节圆球转速的作用。

　　圆球可选用任何材料的现成球体,如塑料球、乒乓球或玩具娃娃的头

等。应设法将两块长形小磁铁固定在球内，注意磁极位置。球中心穿入一大缝衣针，或一 $\varphi 1.0$ 毫米左右的钢丝（注意要把钢丝下端锉尖）。上、下轴承制法可参见图 9 – 16。

L_1 和 L_2 为一脱胎线圈。其内径应稍大于圆球直径。用 $\varphi 0.21 \sim 0.41$ 毫米的漆包线绕 1500 匝左右，在中间 750 匝时抽头，一边为 L_1，另一边为 L_2。用有机玻璃等材料，做一相应大小的边匣，将用绝缘包布缠好的线圈用万能胶固定在匣中。将此边匣固定在底座一端。将三根引线穿进底座中，与其中的三极管、电位器等连接好。电池用 3 节五号电池，也设法安在底座内（可参见图 9 – 16）。

三极管可用 3AX81。如果用 3DG12 也可以，不过要把电池正负极倒一下。电位器为 4.7 千欧，大小皆可。

电子狗

这里介绍的这只电子狗，当你向它问好后，它会举起右爪来向你致意。不过有趣的是，你想受到"狗"的礼遇，还需先教它一会儿，你要一边说"你好"，一边抬起它的右爪，反复几次之后，这只电子狗就学会了。这时，只要你向它说声"你好"，它就会自动地举起右爪来，成了一只懂礼貌的"狗"。遗憾的是，这只"狗"虽善于学习，但却是健忘的。几个回合之后，它又会对你的"你好"置之不理了。这时只好再教它一回了。

先找一只较大的玩具狗，最好是坐姿或立姿的，当然自己做一个更好。把该狗的右爪改造一下，改造后的右爪应如图 9 – 18 所示。孔 2

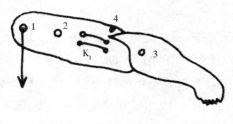

图 9 – 18

为轴孔，用来将右爪系在狗身上，右爪可以此为轴活动。孔 3 为连接右爪上臂和下臂的轴孔，用铆钉或机螺丝固定，使上、下臂能自由活动。4 为限位钉，限制下臂不会在上臂抬起时过分下垂。K_1 为常开开关，下为固定接点，上为固定在弹性铜片上的活动接点，平时两接点是分开的，当把狗右爪下臂往上抬时，下臂后端的凸出部会挤压该开关而使两接点闭合。1 为小孔，上边连接电磁铁的拉线。当电磁铁产生吸力，将衔铁吸动时，此拉线将拉动上臂，并使右爪抬起。

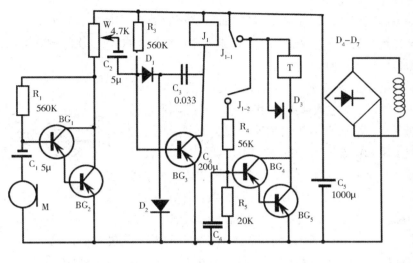

图 9 – 19

电子线路原理见图 9 – 19。BG$_1$ 和 BG$_2$ 组成低频放大器，由话筒 M 引入的声频信号（"你好"），经 W、C$_2$ 传到 BG$_3$ 基极，再一次放大。放大后的信号经 C$_3$、D$_1$、D$_2$ 检波成负极性信号又加到基极上，使 BG$_3$ 完成导通，处于大电流工作状态。这时其集电极电流流过继电器 J$_1$，使其常开接点 J$_{1-1}$ 闭合，使 BG$_4$ 及 BG$_5$ 获得电源供给。但是 BG$_4$、BG$_5$ 及电磁铁线圈 T 虽已有电源供给，但因 BG$_4$ 没有基极偏压，故并不导通，T 中并无电流通过，电磁铁并不动作，狗爪也抬不起来。

如果你先"教一教"这只"狗"，即在喊"你好"的同时，去抬一下"狗"的右爪，这时一方面喊声使 J$_{1-1}$ 闭合，接通了 BG$_1$ 等的电源，另一方面由于你把右爪下臂抬起，使 J$_{1-2}$ 闭合，电流经过 R$_4$，向 C$_4$ 充电。这样经过 3 ~ 5 次"训练"之后，C$_4$ 的电平已可触发 BG$_4$ 并使其导通，电磁铁即可吸动。这时，你只要喊一句"你好"，"狗"即会自动抬起右爪。直到 C$_4$ 上的电放完（约需几十秒钟），"狗"一直是很听话的。此后，"狗"对你的

问好又会置之不理，这时你只得再一次"教"它一下（即再向 C_4 充一下电）。

电位器 W 是调节低放级灵敏度的，在环境过分嘈杂时，应将灵敏调低，以免产生误动作。

电源变压器次级应有 12 伏，如果要自制的话，可以用截面积为 18 毫米×32 毫米的铁芯，初级用 0.1 毫米的漆包线绕 2300 匝，次级用 0.47 毫米的漆包线绕 145 匝。

继电器 J_1 可用 JRX－13F 型，电磁铁 T 可按图 9－20 自制。图中线圈架 1 用塑料、黄铜等非导磁材料制备，活动心轴 2 用软铁（电工纯铁）制造，线圈 3 用 φ0.35 毫米漆包线绕 1000 匝，4 为心轴复位弹簧。安装时将线圈架固定住，再用根细铁丝将狗爪活动臂上的孔 1 与心轴 2 上的小孔连在一起，使电磁铁通电后，心轴被吸入线圈里，从而拉动狗爪。

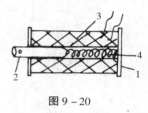

图 9－20

原理图中 BG_1～BG_5 均用 3AX81C 型三极管。二极管 D_1～D_3 可用 2AP 型。D_4～D_7 可用 2CZ53F 或任何耐压 50 伏、电流 0.5 安的硅桥。话筒 M 可用电话机用的炭精送话器，也可用小型动圈扬声器。

调整时，需通过试验，调整电位器 W 的阻值，以使整个电路能在中等响度的喊声下开始动作。

玩具狗

桌上有一只玩具狗，只要摸一下它的项圈它就会"汪、汪"地叫起来，非常有趣。

其电子电路由图 9－21 所示，是由 2 块集成电路及 1 只复合三极管组成。IC_1 是时基电路 NE555，构成单稳态电路，当触摸 A 点后，该单稳态电路处于暂态，其第 3 脚输出高电平，使 IC_2 触发。IC_2 是语言集成电路 NS5608，工作时发出"汪、汪"的狗叫声，经由三极管放大，由扬声器放音。电阻 R_2 和电容 C_1 决定暂态时间的长短，即狗叫时间的长短，改变其数值可改变此时间值。R_2 和 C_2 决定振荡频率，即叫声的高低。R_2 可在

240～280 千欧间选取，C_2 的值则为 470～680 皮法之间。三极管 BG_1 用硅管 3DG6，BG_2 用锗管 3AX81。SP 用 8 欧的扬声器。

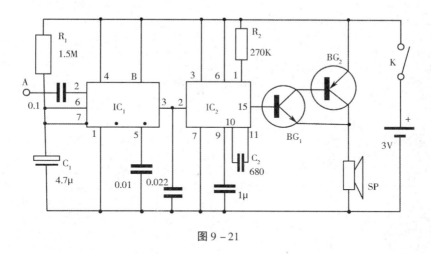

图 9－21

整机可装在一只大型的玩具狗内，用一条金属带（铜带等）给狗做一个项圈，并把项圈与本机 A 点相连。电源开关可装在狗肚子下边。这样打开开关，摸一下项圈，"狗"就会"汪、汪"叫起来。